艺术与设计学科博士文丛

山东省高水平学科「高峰学科」建设项目

总主编　潘鲁生

主编　董占军

海草苫房

东楮岛村海草房建筑艺术

黄永健 著

U0343099

山东教育出版社

图书在版编目（CIP）数据

海草苫房：东楮岛村海草房建筑艺术 / 黄永健著. — 济南：
山东教育出版社，2021.8

（艺术与设计学科博士文丛 / 潘鲁生总主编）

ISBN 978-7-5701-0900-5

Ⅰ.①海… Ⅱ.①黄… Ⅲ.①民居－建筑艺术－研究－
荣成 Ⅳ.①TU241.5

中国版本图书馆CIP数据核字（2019）第295688号

YISHU YU SHEJI XUEKE BOSHI WENCONG

HAICAO SHANFANG —— DONGCHUDAO CUN HAICAOFANG JIANZHU YISHU

艺术与设计学科博士文丛　　　　　　潘鲁生/总主编　董占军/主编

海草苫房——东楮岛村海草房建筑艺术

黄永健/著

主管单位：山东出版传媒股份有限公司

出版发行：山东教育出版社

地址：济南市市中区二环南路 2066 号 4 区 1 号　　邮编：250003

电话：（0531）82092660　　网址：www.sjs.com.cn

印　　刷：山东新华印务有限公司

版　　次：2021 年 8 月第 1 版

印　　次：2021 年 8 月第 1 次印刷

开　　本：710 毫米×1000 毫米　1/16

印　　张：17.25

字　　数：251 千

定　　价：49.00 元

（如印装质量有问题，请与印刷厂联系调换）印厂电话：0534-2671218

总序

　　时光荏苒，社会变迁，中国社会自近现代以来经历了从农耕文明到工业文明、从自给自足的小农经济到市场化的商品经济等一系列深层转型和变革，人们的生活方式、思想文化、消费观念、审美趣味也随之变迁。艺术与设计是一个具体的领域、一个生动的载体，承载和阐释着传统与现代、历史与未来、文化与科技、有形器物与无形精神的交织演进。如何深入地认识和理解艺术与设计学科，厘定其中理路，剖析内在动因，阐释社会历史与生活巨流形之于艺术与设计的规律和影响，不断回溯和认识关键的节点、重要的因素、有影响的人和事以及有意义的现象，并将其启示投入今天的艺术与设计发展，是艺术与设计专业领域学人的责任和使命。

　　当前，国家高度重视文化建设，习近平总书记深刻阐释并强调"坚持创造性转化、创新性发展，不断铸就中华文化新辉煌"，从中华民族伟大复兴的历史意义和战略意义上推进文化发展。新时代，艺术与设计以艺术意象展现文脉，以设计语言沟通传统，诠释中国气派，塑造中国风格，展示中国精神，成为传承发展中华优秀传统文化的重要桥梁；艺术与设计求解现实命题，深化民生视角，激发产业动能，在文化进步、产业发展、乡村振兴、现代城市建设中发挥重要作用，成为生产性服务业和提升国家文化软实力的重要组成部分。关注现实发展的趋势与动态，对艺术与设计做出从现象到路径与规律的理论剖析，形成实践策略并推动理论体系的建构与发展，探索推进设计教育、设计文化等方面承前启后的深层实践，也是艺术与设计领域学者和教师的使命。

山东工艺美术学院是一所以艺术与设计见长的专业院校，自1973年建校以来，经历了工艺美术行业与设计产业的变迁发展历程，一直以承传造物文脉、植根民间文化、服务社会发展为己任。几十年来，在西方艺术冲击、设计潮流迭变、高等教育扩展等节点，守初心，传文脉，存本质，形成了赓续工艺传统、发展当代设计的办学理念和注重人文情怀与实践创新的教学思路。在新时代争创一流学科建设的历史机遇期，更期通过理论沉淀和人文荟萃提升学校办学层次与人才质量，以守正出新的艺术情怀和匠心独运的创意设计，为新时代艺术与设计一流学科建设提供学术支撑，深化学科内涵和文化底蕴。

鉴于上述时代情境和学校发展实践，我们策划推出这套《艺术与设计学科博士文丛》系列丛书，从山东工艺美术学院具有博士学位的专业教师的博士学位论文中，精选20余部，陆续结集出版，以期赓续学术文脉，夯实学科基础，促进学术深耕，认真总结和凝练实践经验，不断促进理论的建构与升华，在专业领域中有所贡献并进一步反哺教学、培育实践、提升科研。

艺术与设计具有自身的广度和深度。前接晚清余绪，在西方艺术理念和设计思潮的熏染下，无论近代初期视觉启蒙运动中图谱之学与实学实业的相得益彰、早期艺术教育之萌发，还是国粹画派与西洋画派之争，中国社会思潮与现代艺术运动始终纠葛在一起。乃至在整个中国革命与现代化建设进程中，艺术创新与美术革命始终同国家各项事业的发展同步前行。百多年来，前辈学人围绕"工艺与美术""艺术与设计"及"艺术与科学"等诸多时代命题做出了许多深层次理论探讨，这为中国高等艺术教育发展、高端设计人才培养以及社会经济、文化事业的发展提供了必不可少的人才动力。在社会发展进程中，新技术、新观念、新方法不断涌现，学科交叉不单为学界共识，而且已成为高等教育的发展方向。设计之道、艺术之思、图像之学，不断为历史学、文艺学、民俗学、社会学、传媒学等多学科交叉所关注。反之，倡导创意创新的艺术价值观也需要不断吸收和汲取其他学科的文化精神与思维范式。总体来讲，无论西方艺术史论家，还是国内学贤新秀，无不注重对艺术设计与人类文明演进的理论反思，由此为我们打开观察艺术世界的另一扇窗户。在高等艺术教育领域，学科进一步交叉融合，而不同专业人才的引入、融合、发展，极大地促进和推动了复合型人才培养，有利于高校适应社会对艺术人才综合素养的期望和诉求。

基于此，本套《艺术与设计学科博士文丛》以艺术与设计为主线，涉及艺术学、设计学、文艺学、历史学、民俗学、艺术人类学、社会学等多个学科，既有纯粹的艺术理论成果，也有牵涉不同实践层面的多维之作，既有学院派的内在精覃之思考，也有面向社会、深入现实的博雅通识之著述。丛书集合了山东工艺美术学院新一代青年学人的学术智慧与理论探索。希冀这套丛书能够为学校整体发展、学科建设、人才培养和文脉传承注入新的能量和力量，也期待新一代青年学人茁壮成长，共创一流，百尺竿头，更进一步！

潘鲁生

己亥年冬月于历山作坊

前言

　　这本书基于山东大学艺术学院文艺学博士学位论文《东楮岛村海草房营造工艺研究》，主要以山东省荣成市宁津街道东楮岛村的海草房为典型个案，通过对村落沿革、建筑形制、营造工艺、起居文化、生活习俗、室内陈设与家具艺术等具体内容的分析，阐释海洋文化和渔村起居文化对海草房营造法则的影响。本书采用社会学、人类学、建筑学、民艺学、古建筑测绘学等研究方法，深入剖析海草房建筑结构和东楮岛村的历史人文境遇。海草房营造工艺是我国传统民居建筑文化的重要内容，其中以苫作、石作和木作为代表的传统手工艺具有地域性匠作特征，体现了胶东地区民间技艺的审美特质。苫作手艺是一门古老的营造技术，选择海草进行屋面制作亦是渔村文化的特殊显现形式。因此，研究海草房的苫作手艺不仅具有历史价值和审美价值，而且从这门技艺的传承脉络中能够获得具有民族精神的手工文化价值。研究海草房营造工艺所具有的技艺原理和人文思想，对于我国现代建筑营造技术和规划设计亦具有借鉴意义。

　　研究东楮岛村落的海草房营造法则和传统村落文化，对于我国现代建筑设计和非物质文化遗产保护有着重要的现实意义。目前，城镇化建设飞速发展，诸如东楮岛村这类具有悠久历史和特殊起居文化的传统村落业已濒临消亡。村落及传统村落文化是我国民间生态的宝贵遗产，对其进行抢救和保护工作迫在眉睫。本书提出了保护传统海草房民居建筑的观点，认为既不可割裂历史而一味求新，也不可故步自封、因循守旧，探寻彼此之间的最佳契合点应该是继承优秀传统文化的有效途径。

东楮岛村海草房是山东沿海地区传统民居建筑的典型样式，它既是我国传统营造工艺的技术成果，亦是本土海洋文化的物质显现。海草房建筑营造以其特有的空间功能规划、布置经营观念、选材用料原则、工艺传承经验等内容，显现出渔村文化和乡土社会的审美思想。山东民居营造技术有着悠久的历史，从《考工记》到《齐民要术》，齐鲁文化重视对各类科学技术进行理论总结，形成规章制度，从而延续至今。山东民居融合大江南北的历史风格，其空间形制、建造技艺、尺度比例、结构装饰等营造细节皆以义理为垂范，具有深厚的礼制文化底蕴。

通过调研发现，东楮岛村面临的现实问题是如何处理现代生活方式与继承传统文化之间的矛盾。作为渔民的后代，村民们建立了现代生产关系，加快了村子起居生活的节奏。具备远洋能力的大型机械船舶代替了"赶小海"的小舢板；采用综合养殖方式生产海参、海带、紫菜等产业代替了捕捞野生海参、扇贝和海草等渔业；以家族或个人进行渔业生产的组织方式被集团化、公司化、链式作业所替代，老村落后的设施已不能满足产业发展需求；现代交通运输业的发展和城乡差异的减小，促使村落格局和居民状况发生变化；村内人口老龄化和青壮年劳力流失问题严重；房地产业的浪潮强烈冲击着环海小岛，土地开发利用策略致使传统建筑面临被拆除的命运。这些问题不仅存在于东楮岛村，也是我国众多传统村落面临的生存威胁。本书根据实地考察获得的数据和资料，以东楮岛村的保护和发展为例，探析在我国城镇化建设进程中传统村落文化的现状，并针对其中存在的客观矛盾提出解决方案。

黄永健

2021年8月

目 录

第一章　东楮岛村的海草苫房 ≫

　　现代建筑的理念不再拘囿于功能与形式的统一，而是将诸多文化属性赋予建筑本体，"原生态""自然""本土""绿色""民族"等概念已成为建筑理论的重要内容。由于现代设计的本土化趋向愈加明显，设计师更加重视住宅文化和历史文脉。然而，伴随着我国城镇化建设的快速发展，那些曾经拥有自然经济生产特点的村落聚居形式逐渐退出历史舞台，许多具有本土化特征的传统民居和营造工艺随着村落的消失而亡佚。因此，保护和研究传统村落及民居建筑具有十分重要的意义。

　　本书以山东省荣成市宁津街道东楮岛村的海草房为典型个案，通过对村落沿革、建筑风格、起居习俗、室内陈设与家具艺术等具体内容的考察，阐释海洋文化和渔村起居文化对海草房营造法则的影响。本书立足于文艺学专业视域，运用民艺学研究方法和文化人类学调研手段，以建筑学和营造学的理论基础作为主要导向，重点阐述东楮岛村落文化传承与海草房营造特征，以及相关传统民居营造的比较分析。此外，本书还对东楮岛村海草房建筑的保护形式和价值进行分析，并提出村落发展和传统营造工艺思维转化的可行性途径。

第一节　东楮岛村的海草房

　　村落的聚居形态和传统民居的营造观念曾经是农耕文明乡土习俗的重要物质符号显现，一砖一瓦皆为我们诉说着深厚的传统文化积淀。"民间营造活动和民间居宅建筑作为民族义化、民间艺术源起和传播流通的场所之一，发挥了巨大的作用，要保持发展和繁荣民族文化精神，居宅文化氛围影响的力量不可低估。"①传统村落聚居文化的保护和发展策略，不仅针对有形的物质载体，如民居建筑、街道巷口、村落设施、生产方式与工具、家具陈设等，而且需要更多精力关注非物质文化遗存，如起居风俗、规划渊源、工艺思想和营造观念等。

　　东楮岛村在2007年6月9日被评为第三批"中国历史文化名村"，其形态各异的海草房建筑和悠久的渔村文化吸引着众多专家和学者。海草房民居建筑分布在胶东半岛的威海、烟台等沿海地区，其中以荣成市宁津街道的东楮岛村最具代表性。东楮岛村位于山东半岛东端，岛体毗邻大陆架，延伸至荣成市宁津街道最东端，村落布局具有典型的北方渔村特征，拥有四面环海的特殊地理环境。据《荣成县志》记载，东楮岛村始建于明神宗万历年间，距今已有400多年的历史。在早期村民定居时，因岛上遍布楮树，又处大陆架东端，故名东楮岛。村内的传统海草房约有600多间，从聚落格局方面进行统计，这些房屋使用空间面积达9000多平方米。东楮岛村的居民世代捕鱼为生，亦有少许耕地进行农作生产。简单淳朴的渔村生活孕育出经济宜用的居住建筑，海草房的形态结构和材料工艺充分体现出东楮岛村的营造思想。

---

　　①潘鲁生：《民艺学论纲》，北京工艺美术出版社，1998，第223页。

一、东楮岛村海草房的典型性

东楮岛环岛海岸线总长约7.5公里，其东部和西部拥有约5公里的优质沙滩，为渔业生产提供了较好的生态环境。建村之初，村民多以"赶小海"为业，扇贝、海参、海草被称作"东楮岛三宝"，是村内经济收入的主要来源。岛上生长着黑松、柽柳、紫穗槐、刺槐等耐盐碱性和抗风能力较强的植物。

早期定居的先民皆以舢板出入四面环海的东楮岛，后来发现西部地带在落潮时会形成一条通往内陆的"道路"，便于居民进出东楮岛，20世纪90年代在此处修筑成柏油大道。早期东楮岛村民以"窝棚"遮风挡雨，后来通过开发岛礁上的海岩石料，建造出海石筑墙、海草苫盖的住宅样式。长期以来，海草作为材料用于铺缮屋顶，成为东楮岛民居建筑风格的代表，具有鲜明的典型性和艺术价值。村内居住建筑的空间格局可按发展顺序分为两个片区：其一，东南部和东北部为明清时期遗存的古宅区，具有百年以上历史的海草房院落建筑有83户442间；其二，西南部为近期建造的新海草房住宅区，多以一进式三合院格局为主，有61户208间。目前，东楮岛村海草房建筑共有144户650间，建筑使用面积约为9065平方米。起居环境的营造受到众多因素的影响，包括岛屿地理特征、海洋气候与季风、生产习俗和人文观念等。早期的东楮岛村有卢姓、王姓、毕姓、张姓等大家族，其祖上皆为"赶海的"，即世代捕鱼为生。在渔业的推动下，东楮岛村延展出海产品加工、海带养殖、船舶维修及造船业。近年来开发了岛屿的东部和西部，形成了东部耕地区域和西部住宅区域的环境格局。总之，东楮岛村居住环境的营造观念以渔业生产为核心。

二、海草房的工艺特征

赶海打鱼是东楮岛村民的主业，亦是他们定居此处的主要目的。然而，由于早年交通不便，岛上居民很难获取生活资源。若要解决"依海建舍"的问题，必须就地取材，选择易取而又实用的廉价材料进行建造。于是，村里的人开始"炸海石"，使用土雷管或自制火药炸开巨大的海岩，雇用专门的石匠负责选材和修整。据村民回忆，早期的东楮岛周边海岩石料充足，不但可以满足本村使用，还能供应邻村建造房屋，人们经常在海边见到运输海岩石料的小推车队伍。村子东南部地区所遗存的石作海草房约有上百年的历史，墙体构造自然随意，其海岩石料色泽偏黄，形态不规则。这些早期石作海草房没有嵌缝工艺，仅仅是在石料之间墁黄泥，产生了黄灰相间的肌理效果，体现出渔村生活与海洋文化的紧密关系。

同内陆地区的瓦作民居相比，海草房的屋顶斜度较大，屋面较高，脊檩处海草苫层呈现出两端翘、中间凹陷的特殊形态。此类屋面结构主要以等边三角形的木作为承力载体，利用脊檩和檩条形成海草苫背的基础，海草房高耸浑圆的屋脊曲线也正是木作结构所造成的。由于东楮岛缺少木材，海运成本又高，其房屋建设较少使用木质材料。此外，岛上缺少烧瓦的柴薪和黏土，而石灰等辅材也要到宁津所一带购买。环境的局限促使东楮岛村营造活动必须因地制宜，充分发掘自身的资源。譬如，这里海草四季繁茂，易于捞取，价格低廉，是替代瓦作最好的材料。东楮岛村曾因富产海草而闻名，甚至出现了专门打捞海草的职业。海草屋面的优点很多，包括材料廉价、工艺简单、抗风抗雨、经久耐用等。以海草覆盖屋顶的技术源于古老的苫作工艺，在本地区成为一门广为流传的手艺。人们称从事苫房工作的匠人为"苫子"，家家户户建房修缮都需要雇请"苫子"。因此，东楮岛村海草房石作工艺和苫作工艺反映了胶东渔村"依海而居"的营造观念。特殊的苫作工艺塑造出犹如马鞍式的屋脊形态，海石嶙峋的排列组合赋予民居浓郁的海岛色彩。海草房代表了胶东沿海地区传统民居的典型样式，其功能符号亦充满了渔民生活化的形式语言。海草房墙体为内外双层筑石结构，具有抵御强烈海风和寒气的功能；层层叠搭在一起的海草苫层，既可以遮风挡雨，又可以阻挡夏天烈日的暴晒。许多上了年纪的东楮岛人情愿住在简陋的海草房内，感受着冬暖夏凉的舒适，回味着祖辈流传下来的故事和习俗。

海草房的工艺特征可以概括为四点：空间规划与功能分配的实用性、海岩石料砌筑墙体的艺术性、建筑木作工艺结构的合理性以及苫作技术的工艺性。具体来说，其特征包括以下四个方面。

第一，东楮岛村传统海草房建筑空间符合北方民居宅院的营造原则，以四合院为单元构成纵横有致的围合式聚落形态。为了适应四面环海的岛屿生活环境，海草房的空间营造必须满足渔业生产和依海而居的"宜用"原则。另一方面，山东地区传统的历史文化和人文背景亦对村落居住空间的形成产生了重要影响，如"东为大""正房""子山午向"之类的礼制空间观念被融入营造工艺思想之中，使海草房的空间形态结构带有浓郁的伦理特征和礼制色彩。

第二，海草房石作用材具有显著的海洋文化特征，东楮岛桑沟湾海域的大量海岩被开发使用，成为民居建筑的主要原料。石匠们按照建筑用材的规格处理墙体石料，用简陋的斧凿钉锤修整石料。置身于东楮岛村中心地带，东西横向排列的北街、中街、南街，与南北交错的西街形成村落布局整齐的规划效果。每一条古街都笔直宽敞，矗立两旁的海草房建筑山墙彼此紧紧连接，使村内多年以来没有出现其他街道或者胡同。这类村落布局特征形成的主要原因在于建筑的排列和营造方式，而东楮岛村民称海草房山墙连接的方式为"伙山"或"接山"。海草房建筑墙体的表面很少有装饰，从海草屋面到"墙根"一切皆"取法自然"。海草屋面的修饰唯有梳理和压脊，墙面则依靠石料组砌形成自然的效果，体现了海草与海石相映生辉的建筑审美特征。通过细致的测绘和观察，在墙体表面可以寻找到一些装饰附件，如"盘子""驴马桩""门窗口饰"等等。诸如此类依附于建筑的构件不仅能够增加美感，而且具有辅助生活起居的功能。

第三，海草房建筑体系的承力结构以石作为主，屋面结构以苫作为主，木作仅占较小的比例。海草房的梁架檩脊结构属于大木作，其余皆为不承重的小木作，诸如门窗、隔断、家具等。然而，海草屋面形态依靠木质材料作为支撑结构，重达数千斤的海草全部压在承上启下的木结构部件上面。由此，东楮岛村木作匠人流传着这样一条原则：木结构在建筑中的作用就像鱼的骨骼，支撑着海草与海石结构。海草房木作系统包括匠人口头相传的"好汉子""八字木""脊梁杆子""印"和"腰杆子"等部分，这些都是在民间传播文化语境中形成的匠作术语。作为一种技术语言，尤其是表征渔村起居文化的符号模式，此类匠作术语应该具备多种传播的途径。首要途径是在匠人中形成共识，荣成地区民间匠作在木工体系内的称谓具有地方性或乡土性的特征，同时亦具备整个山东甚至北方地区的营造色彩。匠作需要"则例"，即通用的标准，而标准语言符号必须具备概念明确、简洁易懂、通识通用的特点，甚至具备较强的传承性和可持续性。这种情况在现代建筑语言模式里相当普遍，无论是水泥混凝土搅拌作业，还是钢筋焊接技术工程，在机械化施工过程中必须贯彻建筑力学、结构部件或物理安装概念的标准术语。同现代建筑相比，传统建筑语言在标准和术语的界定上更加强调本土性和民族性。

第四，东楮岛村海草房的屋面廓形呈不规则曲线状，屋脊处两端高耸，脊线轨迹呈弧形，远看整体结构的线形非常流畅自然。我们可以选择不同的观察角度，例如以东西山墙的侧面为观察视角，屋面为等腰三角形结构，尖耸直上；以南北轴线为观察视角，屋面为圆弧曲线稍显下垂结构，且具有明显大于墙面高度的比例关系。此外，传统海草房整齐划一，依次排列在古街道两旁，彼此屋面连贯成一休，组成节奏感极强的曲线波动，显现出胶东渔村建筑特有的形式美感。荣成地区传统匠作称这种屋面的制作方法为"苫房子"，即苫作，匠人以海草作为房顶的主要材料，利用手工梳理、挤压、拍实，形成"人字坡"状的特殊屋面结构。苫作手艺是海草房民居建筑营造过程至关重要的环节，不仅创造出屋面优美自然的曲线形态，而且是建筑"避风雨""御寒暑"功能实现的主要因素。

三、海草房的研究意义

本书的研究对象——海草房，是胶东半岛特有的民居建筑形制，具有鲜明的海洋文化特征。东楮岛村渔民们将海草房视作起居生活的主体，建筑使用的海草苫背、海石垒作、海运木料等均与海洋密切相关。本书将对海草房建筑营造机制中每个元素的作用和影响进行剖析，以归纳传统民居营造法则在建筑美学理论上的意义。

首先，研究海草房的营造工艺，需要深入剖析我国传统民居制作工艺的原理与制度。譬如，苫作制度、大木作制度、小木作制度、石作制度、砖作制度以及结构与尺度的权衡等，这些内容皆为我国民间建筑营造工艺体系的重要理论。营造环境、建筑、室内空间等是建立在工艺文化语境与人文特征相互比对的基础上，尤其是在工艺技术方面的记录和口诀传承，为解析民间营造文化思想提供了一些重要线索。

其次，海草房营造工艺研究体现出设计学的理论意义。海草房民居营造法则能够揭示自然生态住宅设计行为及其造物艺术观的本质，本书的理论构建旨在充分发掘此类民居的设计美学价值。这是本书的中心思想。从现代建筑学理论角度分析，海草房属于地域性生态建筑的一类。所谓生态建筑，是指将组成建筑的各种元素视作自然系统功能部件，如材料、工艺、设计、使用、环境、维修、组配、伦理、社会、加工等，每一个单体部件在实现自身机能的同时必须服务于整体，并按照体系运作的原则发挥作用。因此，海草房建筑的构成可以体现生态功能的作用：原料来自大海和土地；对原料进行的操作仅采用手工技法改变其物理属性，没有任何能源的浪费，并实现海草、麦秸、岩石一类自然材料的可持续利用；海草房建筑空间是紧凑的、节约的，"伙山"与"接山"式宅院构成证明了这一点；为了充分利用岛屿的土地资源，院落建筑整齐划一，甚至成排住宅共用山墙以压缩建筑空间；海草房木作系统占很小的营造比例，本地木材紧缺是一个因素，但主要是节约建筑成本和原料；海草房的使用年限很长，东楮岛百年以上的房屋占到七成，其维修亦非常简单。除此之外，东楮岛村民的起居习惯和生产习俗也决定了海草房的生态价值。他们世代从事渔业生产，靠海吃海的谋生道路养成了人人注重团结、勤俭节约的道德风尚。朴实的村民在海草房内居住，简易的木制农具、渔网、舢板等生产用具成为海草房起居体系的组成要素。渔民们将大海视作生养自身的母体，既要向其索取，又要尊重其法则。因此，海草房作为生态建筑是一个有机整体，海草、苫作、空间、居住行为和风俗习惯都成为这个系统的组成要素，维持建筑与使用者之间的和谐关系成为海草房生态环境规划的原则。海草房的生态价值观在于：材料取之于大海，工艺循之于自然，使用回归于人本身，这是一个可持续发展和可循环利用的轨迹，对于现代生态建筑的设计观念具有重大意义。

第三，研究东楮岛村落的海草房营造法则和传统村落文化，对于我国现代建筑设计和非物质文化遗产保护有着重要的应用价值。目前，在城镇化建设过程中，如东楮岛村这类具有悠久历史和起居文化的传统村落，业已濒临消亡。保护与继承传统村落文化的工作迫在眉睫。建设适宜的生存环境既不可割裂历史和传统而一味求新，也不可故步自封、因循守旧，探寻彼此之间的最佳契合点应该是保护与继承传统村落文化的途径。

东楮岛村面临的现实问题是如何处理现代生活方式与继承传统文化之间的矛盾。作为渔民的后代，村民们建立了现代生产关系，加快了村子起居生活的节奏。具备远洋能力的大型机械船舶代替了"赶小海"的小舢板；采用综合养殖方式生产海参、海带、紫菜等产业代替了捕捞野生海参、扇贝和海草等渔业；以家族或个人进行渔业生产的组织方式被集团化、公司化、链式作业所替代，老村落后的设施已不能满足产业发展需求；现代交通运输业的发展和城乡差异的减小，促使村落格局和居民状况发生变化；村内人口老龄化和青壮年劳力流失问题严重；房地产业的浪潮强烈冲击着环海小岛，土地开发利用策略致使传统建筑走向被拆除的命运。这些问题不仅存在于东楮岛村，也是我国众多传统村落面临的生存威胁。本书将根据实地考察获得的数据和资料，以东楮岛村的保护和发展为例，探析在我国城镇化建设进程中传统村落文化的现状，并针对其中存在的客观矛盾提出解决方案。

第二节　苦作手艺与民居营造

本书针对东楮岛村海草房建筑的营造技艺进行研究，一方面需要结合建筑测绘学、工艺学的原理分析石作、木作和苦房工艺等营造方式，另一方面需借鉴我国古代营造技术专著和大量历史文献，如《考工记》里"匠人"篇记述的工艺制度、"三礼"中有关建筑与居室制度、宋代李诫《营造法式》的营造制度、清工部《工程做法则例》的营造制度等，进而阐明我国传统民居营造工艺的历史发展和文化底蕴。

一、《考工记》关于苫作技术的记载

《周礼·冬官·考工记》在"匠人"篇里记载了我国古代两种建筑形制：一为葺屋三分，一为瓦屋四分。汉代郑玄的解释是各分其修，以其一为峻（峻指屋面举高）。葺屋是指以茅草盖屋的建筑形式，夯土为台，茅草屋面；瓦屋即以陶瓦覆盖屋面的宫殿建筑，在我国西周晚期已大量出现。《考工记》认为，这两种建筑形制采用不同的营造法则，"三分"的茅屋应高于"四分"的瓦屋。随着后世建筑技术的发展，瓦作逐渐成为中国古代建筑屋面的主要营造手段。尽管土阶茅屋极为简陋，难登大雅之堂，却成为民间建筑的普遍样式。如今，我国各地传统民居类型里仍然存在以茅草盖屋，民间匠人称其营造工艺为"苫作"。因此，关于苫作工艺历史渊源的解读，对中国传统民居建筑的工艺文化研究具有重要意义。

我国古代最早的手工业技术文献《考工记》载有屋面举架结构的制度，而且规定了"修分"的比例公式。其中"葺屋三分"是指茅草屋面的高度，换算应以建筑室内的进深为基础，三分其数而取一为准；"瓦屋四分"是指瓦作屋面的高度，亦应该以进深为度，四分其数而取一为准。根据注疏对"各分其修"的解释，唐代贾公彦推断"修"是东西为屋而以南北间数为分的公式，并得出"草屋宜峻于瓦屋"的结论。与普通民居瓦房相比，海草房的屋顶高耸而饱满，海草屋面苫层高于椽木瓦作，其主要原因就在于苫作工艺的计算原则。在民间匠作传承里，茅草房屋面的高度需要按照公式来计算，即取每间室内进深尺度的一半再加7寸。这个公式被当地营建海草房的瓦匠、木匠和苫匠们世代沿用，仅尺度的细节或略有差分，然而基本规则不变。由此可见，民间匠作的工艺传承源自古代营造技术制度规范。

二、《营造法式》的大木作和小木作制度

宋代李诫所著《营造法式》是中国古代建筑的制度典章，亦是关于营造学工艺经验的科学总结，其研究价值在建筑史上相当重要。《营造法式》借鉴《考工记》的技术称谓，以"功""分""材"厘定木作、石作和瓦作的技

术规范，并制定了大量官式建筑的尺寸标准。尽管明清民居建筑采用《营造法式》的选材用料和结构方法，但并不完全使用其技术规范。因此，本书所述海草房建筑的大木作和小木作体系可以借鉴《营造法式》部分内容，譬如"叉手""托脚""脊瓜柱""隔断"等技术术语的内涵。然而，传统民居营造工艺是无法按照《营造法式》要求进行比对的，毕竟某些结构上的简化和改变也体现出民间建筑与官式建筑的差别。因此，本书在研究海草房石作和木作系统时，参照《营造法式》及其文本的历史解读，并结合近代营造学社学者们的研究成果进行分析。

三、《清式营造则例》对于传统民居建筑的影响

梁思成先生所著《清式营造则例》一书记载了清代官方建筑"工程做法则例"大木作的内容，以图例的形式揭示出木作样式与标准的营造法则，亦是研究我国明清民居建筑的主要参考书目。《工程做法则例》是雍正十二年（1734年）由工部所颁布的关于进行建筑施工和建造操作的规章制度，共七十四卷，具体记载了大殿、厅堂、箭楼、角楼、仓库、凉亭等建筑样式的结构做法，并依材料尺度制定出工艺工序。目前，东楮岛所遗存的传统海草房皆属清代建筑，在木作结构和施材用料方面均受到《工程做法则例》的影响。因此，《清式营造则例》对于研究海草房民居具有较大的参考价值。

第二章　海草房建筑的空间规划 ≫

　　空间是建筑所提供的使用功能。传统民居建筑充分利用围合的空间形式，表达出"宜用"的核心思想。"宜用"原则是指在民居营造过程中将建筑形态、结构廓形、用工施材、体量、空间功能划分、光影、色彩、装饰等各类物质要素，按照人类生活行为的适宜条件和使用原则进行构建。在相关建筑空间概念中，所谓"生活行为"包括饮食、起居、安寝、劳作，亦有礼仪、伦理、风俗、宗教和祭祀活动。无论是营造民居的匠人，还是居住于其中的使用者，双方皆围绕着"宜用"观念对住宅空间及其环境进行创造和体验。"空间——空的部分——应当是建筑的'主角'，这毕竟是合乎规律的。建筑不单是艺术，它不仅是对生活的认识的一种反映而已，也不仅是生活方式的写照而已；建筑是生活环境，是我们的生活展现的'舞台'。"[①]我国传统民居以院落和墙体的围合形态构成具有伦理制度意义的空间配置，其原则是规约居住者符合身份地位及其社会责任的行为，而非仅局限于那些庭院深深或重檐栉比

---

　　① 布鲁诺·赛维:《建筑空间论》，张似赞译，中国建筑工业出版社，2006，第16页。

的表象。"宜用"原则是我国传统民居空间营造的主旨，亦为本土文化观念的重要组成部分，其内涵和外延具有深刻的民族性、历史性和传承性。

东楮岛村传统民居建筑群落属于我国北方的渔村体系，其空间格局及形态特征符合以四合院为核心的北方民间宅院风格。然而，为了适应四面环海的岛屿生活环境，海草房的空间营造必须满足渔业生产和依海而居的"宜用"原则。东楮岛早期定居者都是来自宁津所或东山镇的渔民，尤其以"赶小海"的居多，为了出海方便，自然会选择有利地形开拓生存空间。据村内老人回忆，东楮岛村的建筑格局发展可简要概括为：住宅群先占据岛内东南区域，再逐渐扩展至东北方向，形成阶段性的"北街"聚居群落，时间大约在100多年前；随着外来人口的增加，开始出现异姓家族割据圈地的现象，而且居住区域往西南方向发展，形成了"西街"住宅群落，时间大约在80多年前；20世纪80年代，东楮岛住宅群建设东至耕地边缘，西至通往内陆的大道边，南至海神庙，北至出港埠头，使用面积达9065平方米。此外，山东地区传统的历史文化和人文背景对村落居住空间的形成产生了重要影响，"东为大""正房""子山午向"等礼制空间观念充分融入营造思想之中。通过日常起居的功能应用，海草房的空间形态和结构往往带有浓郁的伦理特征和礼制色彩，本章内容将首先探寻山东地区传统民居空间营造的起源与发展。

第一节　传统民居建筑的空间规划

《易经·系辞》中说："上古穴居而野处，后世圣人易之以宫室，上栋下宇，以待风雨，盖取诸大壮。"[①]穴居是我国远古先民最早采用的居住方式之一（另一种为长江中下游地区原始居民的巢居形式），亦为传统民居的早期雏形。在"上栋下宇"的宫室建筑出现之前，人们开荒辟土、凿掘坑壤，或以

---

① 楼宇烈校释《王弼集校释》，中华书局，1980，第560页。

洞穴为居处。《诗经·大雅·绵》用"陶覆陶穴"生动地描述了当时的穴居场景，依据"毛传"和郑玄（127—200，字康成，东汉末年的经学大师，经学界称之为后郑）的解释，"陶"就是掏土而去之，"覆"即覆土于地上，这是一种土坯式建筑；"穴"即凿其壤而穴之，指半地穴式建筑。二者均为我国原始建筑的早期形制。

春秋时期的老子（约前571—前471，字伯阳，谥号聃，又称李耳，古代哲学家、思想家）提出："凿户牖以为室，当其无，有室之用。"[①]"凿"阐明了"掘土为穴"的营造技法；"户牖"是礼经文献对室内重要礼制空间位置的称谓，"户"即门户，"牖"指堂上室内的窗。根据古代文献记载，原始民居覆土挖掘，形成一个半地穴状的穹庐顶，凿隆丘之中央为"中溜"（类似天窗），使光线直达穴内，这便是窗的起源。然而，后世建筑普遍以"宫室"形制为主，门窗均开凿于立面墙体之上，"中溜"也就仅为一个称谓而已。《尔雅·释宫》曰："牖户之间谓之扆，其内谓之家。"[②]郑玄认为"扆"地是室内重要的礼制空间概念，它处在窗东户西之间，按照旧礼应设置斧扆（绘饰黼纹的屏风），王或尊者所背对，南向而立。我们现在所说的"家"这个概念就是源于"扆"的礼制规定。"有室之用"的"室"即"实"，就是指室内空间的功能为"实满人物"。老子在这段话中强调，穿凿有形的墙体是为了实现"户牖"空间的无形，建筑实体本身并没有任何功能价值，其作用在于构筑为人类居住行为所"宜用"的空间，即"以无为用"。建筑的存在是以创造空间为目的的，而空间的存在又必须以建筑实体为依托。

建筑史是一部人类营造生存空间的历史，通过历代建筑样式的发展显现出空间形式与功能的统一，反映了建筑设计思维与起居文化观念的变迁。从建筑史的角度分析，传统民居空间营造观建立在"有室之用"和"以无为用"的古代哲学思想上，利用一切物质因素创造出"宜用"的生活功能空间。此外，传统民居的空间营造思想起源于古代礼制生活的诸多规定，这些限定空间秩序的

---

① 楼宇烈校释《王弼集校释》，中华书局，1980，第27页。
② 阮元编撰《十三经注疏》，上海古籍出版社，1997，第2597页。

原则通过上行下效的传承，逐渐成为具有本土文化特征的深厚底蕴。

当追忆祖上所流传下来的有关营建东楮岛村的情况时，毕家模老人认为，老辈为赶海打鱼而安家置室，皆以经济实用为主。然而，随着村落的发展和人口的增加，使用空间功能的分配又非仅仅为了生存，产生了诸多源于"宜用"原则的空间功能分配思想，而家族或宗族的礼制观念起到了统摄性作用。一般来说，东楮岛村海草房以四合院为主，设二进院或三进院的空间形态，以院门、倒座、东西厢房和正房为单元制式。正房的空间地位最高，并设有东一间、东二间和西套间，将房门设在"明间"（正中一间）。老辈常说"四六不成宅"，正房都是五间，中为明间，东西两侧各有两个"套间"（即梢间）。不过，一进与二进院间的腰房出现过所谓"六间"的空间格局，即东面三间房，西面两间再加一个过道。正房坐北朝南，设东厢房与西厢房，厢房皆为三间式。南面倒座临街开设院门，或者建设门楼，当地民间称作"倒房子"。随着家族内部的分家和联姻情况的出现，东楮岛村许多院落增加了朝北的过道，甚至是将北屋正房改造成"倒房子"。老人们认为这些改造不符合传统"规矩"，只是应付人口增加的状况，不得已而为之。那么，符合传统空间形式的规矩是什么？"正房""明间"等空间称谓的来源是什么？这些问题需要从中国古代建筑礼制思想中寻找答案。

一、礼制空间的形成

民间百姓常说："搞出个名堂来。""名堂"，俗谓"名目"或"道理"的意思。细究"名堂"的来历，却与古代文献中记载的重要礼制建筑——"明堂"有关。明堂为我国古代天子布政施教的宫殿，具有宗祀与行政等多重功能，为原始社会氏族聚居的产物，因而亦称作氏族人员议事聚会的"大房子"[①]。明堂既是宗教与礼制建筑的合一，也是我国古代建筑宫室的前身，甚至是宫室制度的起源。在中国建筑史上，明堂建筑为后世的官方建筑和宗教建筑奠定了形制标准和等级法式，成为表征国家行政管理意识形态的理念

---

① 汪宁生：《释明堂》，《文物》1989年第9期，第22-26页。

显现。同时，明堂的礼制规定在民间建筑中得到广泛传播，并在巩固家族礼仪方面逐渐形成"上行下效"的趋势。尽管民间居住体系无法僭越"天子明堂"制度，但是明堂所列举的礼制空间功能被民居所采纳。譬如，民居的"堂屋""厢房""倒座""门""家祠""庙""仓廪"等，以及室内空间众多陈设的称谓和作用均来自明堂制度。中华民族传统文化是建立在深厚的礼制文化基础之上的，礼制成为阶级社会出现以后的行为准则，并始终规约着后世人们营造活动的发展。

　　齐鲁大地，礼仪之邦，从周公制礼作乐至孔孟宣扬儒礼，山东各地传统民居都被深深烙印上礼制的规仪。地处山东沿海区域的海草房建筑虽以"茅茨"建屋，极其简陋，却以"正房为尊""东为大"等空间礼制思想为主旨进行营造（图2-1），这是村落先民尊礼尚德的表征，也说明了村落一切事宜皆须遵礼而定的传统。礼是中国古代社会规定社会行为的典章制度，也是各种礼仪形式的总称，儒家奉之为道德的标准，宣示"道之以德，齐之以礼，

图2-1

　　东楮岛村北街毕可淳宅院的三进院，正房与东厢房之间距离较小，东厢房曾经是烧灶做饭的空间，如今老人已年事已高，于是在堂屋里简单煮点东西吃，东厢房成了储存室。

有耻且格"的伦理意义。礼学家与经学家把"礼"视作统治阶级巩固政权的工具，将其内容融入典章制度，诠释为繁缛条文，最终形成了规约社会各阶级行为规范的法律。上至国家统治阶层的政事祭典，下至民间百姓的饮馔俗务，事无巨细，皆囊括于礼的范畴中，并期冀通过礼的制度化实现"修身、齐家、治国、平天下"的教化意义。因此，日常起居的行为规范在礼制中极为重要。住宅作为起居之必备，自然承担着"物以载道"的责任，成为礼制概念的物质显现。以下将从礼制的角度探析传统民居空间营造法则的起源。

二、明堂与堂屋

东楮岛村老人们将院落中坐北朝南的海草房称为"正房"或"堂屋"，堂屋东一间为开门之"明间"，这里的"正房"和"明间"是我国古代明堂空间礼制的遗存。汉代蔡邕（132—192，字伯喈，东汉文学家、书法家）在《明堂月令论》中提出明堂建筑涉及国家大事，其义深邃，立后世宫室制度典范。在这个集宗法、礼仪、教育、政令、朝觐、祭祀、养老、尚贤、献俘等多种功能于一体的礼制建筑群中，法礼是统摄空间之枢。君王须按礼制要求发布"承天顺时"之令、"德宗嗣祀"之昭、"明功百辟"之劳、"尊老敬贤"之义、"教幼诲稚"之学、"朝侯造士"之功等诏书。因此，明堂被称作"生者乘其能而至"和"死者论其功而祭"的"大教之宫"①。明堂建筑的形制"古有之也"，诸多文献载"黄帝立明堂"（《史记》）、"神农造明堂"（《淮南子》）、"周公作明堂"（《礼记·明堂位》）等说法。据今人考证，明堂就是原始社会末期氏族议事之所，为后世宫殿庙堂的鼻祖。然而，明堂建筑形成、发展和衰落的过程则促使礼制建筑空间在民间居住理念中根深蒂固。

1. 明堂的空间形制

除神农或黄帝造明堂说不可考之外，明堂的形制与象征意义在中国古代建筑历史的发展过程中还是有章可循的。据《周礼·冬官·考工记》记载，上古本无"明堂"之名，夏代称其作"世室"，取堂室永久不毁之义；殷商

---

① 严可均辑《全后汉文》，商务印书馆，1999，第799-801页。

时期称为"重屋"，取建筑屋顶庑殿式结构有重叠之象；周代曰"明堂"，因在城之"阳"且南向而设，建筑空间内四户八牖，故有相互通达之义。这些说法证实明堂建筑的形式古已有之，只是历代的称谓相异，到了周代才出现"明堂"的名称。明堂制度是在周代建立并完善的，《礼记》认为是周公摄王位建明堂制度以"明诸侯之尊卑也"。由于春秋时期"礼崩乐坏"的影响，明堂制度逐渐没落，经由彼时儒家圣人们的注经立疏才得以流传。汉魏时期官方曾组织考证和重建明堂，终究因考文佚失而未循古制。唐宋时期又做了大量的明堂考证，并兴建了一些仿明堂建筑，但是由于彼时宫殿和庙宇建筑技术完备而逐渐废除了明堂。明清以来，明堂制度均未被采纳，唯有一些训诂学者们考究古法，将明堂制度及其形制记载于案。

　　明堂建筑功能空间的设计原则始终是历代学者研究的重点，主要原因在于这所"大房子"为后世宫殿建筑空间、宗教建筑空间和民居建筑空间提供了营造标准乃至空间使用的礼仪制度。明堂建筑空间按照使用功能规划为以下几个部分：太庙中央、祭祀场地、朝觐殿堂、行政办公、飨射娱乐、养老序内、路寝憩卧等；按照形制分为五寝五庙，所谓五寝是指路寝空间和燕寝空间[①]，而五庙是指宗庙左昭右穆及太庙空间。明堂空间形制采用十字形结构或九宫格式，以中央太室为核心，上北下南，左东右西，各有四个堂室空间（图2-2）。东面堂室称为"青阳"，南面为"明堂"，西面为"总章"，北面为"玄堂"，每个空间体系各有前堂后室和东西夹室（厢）等部分。古代周天子一年十二个月中每个月固定几天在明堂居住，且"施十二月之令"：春居青阳（包括青阳太庙和左右个，即左右厢房），夏居明堂，秋居总章，冬居玄堂，并根据节气发布有关国家社稷、政治经济、农业发展等重大政令。据后人考证，明堂建筑共九座堂室，每室四户八牖，合三十六户七十二牖，以象九州之数；整体建筑空间宏大，上圆下方，以象天地；堂下周寰有水曰

　　[①] 古代天子的寝宫建筑空间：一间作路寝，五间作小寝，即燕寝。路寝是帝王正殿所在，也指天子或诸侯的正厅，其功能为听政；燕寝是休憩的空间。《周礼·天官·宫人》载："掌王之六寝之脩。"郑玄注："六寝者，路寝一，小寝五。"《玉藻》：'朝辨色始入，君日出而视朝，退适路寝听政，使人视大夫，大夫退，然后适小寝释服。'是路寝以治事，小寝以时燕息焉。"

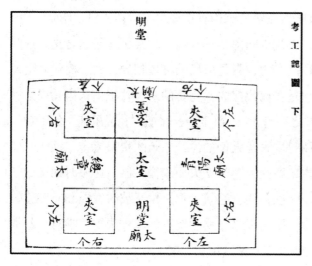

图2-2

清代学者考证古明堂建筑空间结构，本图摘自戴震著《考工记图》，商务印书馆1935年出版。

鄙雍；堂有台基，高三尺，东西九筵，南北七筵[①]；东西南北中每个方向的前堂后室空间结构均按照礼制要求营造。天子以下的诸侯士大夫阶层也有明堂制度，只是规格逐次消减，至庶民则不允许使用。尽管如此，前堂后寝的空间格局及坐北朝南的堂室朝向却逐渐渗入民间居室营造观念中，成为后世民居空间营造的重要法则。天子明堂空间宽广，且有东西夹室及左右厢房等，又具备听政功能的路寝空间和休憩功能的燕寝空间。堂须高显貌形，显示出朝觐和祭祀的威严；室在堂后或左右，便于休养和伏藏。民居的空间构成及功能分配继承了明堂礼制的部分内容，只是将规格和等级进行了缩减。我国大部分地区的传统民居均有严格的堂室制度，北屋正厅、前堂或中堂空间皆有不可忽视的尊位，亦为接待、议事、聚会和祭祀的重要空间，如北京四合院、山西大院建筑、陕西窑洞式民居、江西民居、广东岭南民居、徽州民居和福建民居等。

2. 堂屋的空间形制

胶东地区传统民居有"堂屋"的说法，在东楮岛村的院落结构里，就是指二进院内坐北朝南的"正房"。堂是指明间的大堂空间，而屋则是指左右次间，这也是明堂礼制空间的遗风。明堂空间"中堂"之后室配有左右"个"，

①据《周礼·冬官·考工记》记载，周代明堂建筑空间按照"几筵制度"进行营造，即以室内筵席或凭几的长度为单位进行空间距离的计算，相关内容将在后一节中具体解释。

即左右厢房，这种空间制度就是"堂屋"三间结构的源头。山东各地传统民居正房样式基本上遵循三间五架或五间七架的空间结构，间是指开间，正北中央为明间，左右为次间和梢间（图2-3）。民居堂屋具备议事和祭祀的双重空间功能，也有寝食安养等区域划分，其空间使用规则完全依据礼制要求。按照习俗，每逢重大节日活动、人生礼仪和家族祭祀，甚至对家族有重要影响的大事，都需要在堂屋空间进行，这是受明堂礼制空间功能的影响。堂屋有寝室空间，分为东次间和西次间，各又另加梢间。除中厅外，两次间以东为贵，东次间往往是家族长辈居住，而西次间常常给待出阁的女儿使用。山东烟台栖霞的牟氏庄园和滨州的魏氏庄园里，二进院正房堂屋便是依此营造，同时规定住在西次间的未成年女儿不能自由出入厅堂。在重大节日或家祭之日，堂屋空间成为家族祭祀活动的中心，由中堂、长案、八仙桌及按对称格局摆设的太师椅共同组成祭祀空间，传承着家族尊先念祖的规矩。由此看来，传统民居空间的营造观念以堂屋空间为核心，堂屋在节俗、婚丧、祭祀和议事等重大活动中扮演着不可替代的角色，这是与古代明堂空间礼制相符合的。不仅如此，明堂礼制也深深影响着传统民居的其他空间功能。

图2-3

　东楮岛村东南部的老宅院，院墙和东西厢房已被拆除，只剩下五间结构的正房空间。20世纪80年代，为了居住方便，主人将西侧窗户改成了门。

　　家祠是一个宗族的象征，联系着五湖四海有血缘关系的各界人士。祭祀宗族祖先的庙宇在制度、规格和样式方面均与家族祭祀空间不同。《礼记·曲礼》规定为君者营建宫室，宗庙为第一，厩库为次，居室最后修建。天子有太庙及三昭三穆合七个庙宇；诸侯为二昭三穆五庙；大夫为三庙，士为一庙。在民间，庶人阶层不可设庙，祭祀在寝室空间中进行。然而，作为一个同姓宗族，家祠的营造代表着名门望族的社会地位。历史上山东各地村落中均可见到家祠建筑，譬如迁居东楮岛的王氏家族宗祠就设在附近的所东王家村（图2-4）。这是明堂礼制空间祭祀制度的上行下效，毕竟祭祀是中国古代社会极为重要的礼法，被儒家视为"治人之道"的核心，而且祭祀居"五礼"之首，其行礼空间的规模与制度自然格外严谨而慎重，所谓"设礼辨位"便是明堂建筑空间的责任。传统民居空间继承了明堂礼制的法度，目的在于用礼来规约家族人员的伦理行为。

图2-4

　　地处宁津所和东楮岛之间的所东王家村是王氏家族祖地，村子中央仍保留着王氏宗祠，据说逢年过节，远近乡镇的王家后裔皆来拜祭，东楮岛王氏一支最为虔诚。

三、序内制度与厢房空间

东楮岛村传统海草房民居的建筑空间格局以北屋正房为中心轴线，左右设偏房，称为东西"厢房"。然而，后期因分家或各种影响所致，许多院落仅存一个厢房，与正房和"倒房子"（坐南朝北的倒座或门楼）形成一进式院落空间。北方民居常常将东厢房分配给家族长子居住，而西厢房则分配给次子或其他家族成员居住。正房长者居处，东厢长子居处，西厢次子居处，这是传统民居使用空间按照伦理原则进行分配的制度。厢房是指正房两侧的房屋，古文以"相"或"箱"通"厢"，意指房间似"箱箧"之形。厢房的来历与明堂制度有关。据古代礼学文献记载，堂上东西墙曰"箱"，为夹室和个房的界线，而且具备一定的伦理功能，因此也称为"序"。

1. 堂序隔间

前堂后寝是明堂礼制空间的主要形式，其构建模式宜于听政、朝觐、祭祀和礼仪活动，是对"宜用"原则的表现。郑玄曾描述上古时期"前堂后寝"的空间格局为：庙堂在前，地处显贵，宜敬神祭典；后室曰寝，为衣冠箧藏所用，有私密空间的特征，其位甚卑。传统民居空间环境继承古代礼制的规章，而且堂屋空间的"宜用"原则多来自上层建筑的礼数。尽管单体家族或家庭内部没有国家礼仪那样威严宏大的场面，但是对于从伦理角度限制家族成员的行为，则一丝不苟。堂屋空间具有严格的礼制限定，家族成员及外来人员"登堂入室"都必须遵照一定的规矩。然而，作为一个家族主要的活动中心，堂屋在重要的日子里是众多族人举行活动之所，空间的疏导功能成为必须具备的条件，因而需要利用建筑构件来规约或束缚人们在堂屋空间的活动范围。在堂屋空间的建筑构件门类里，隔断成为担负伦理责任最适宜的符号。

根据传统礼制，明堂空间宽广深远，一般都设有隔断墙，即"东西墙谓之序"（《尔雅·释宫》）。两个"L"形隔断墙将前堂划分为东西两个"箱"，"箱"内又分为堂和夹室。今之居室有东西厢房，便是源于明堂礼制空间的划分原则。明堂礼制规定：序墙长度如堂内进深，地处栋之下，

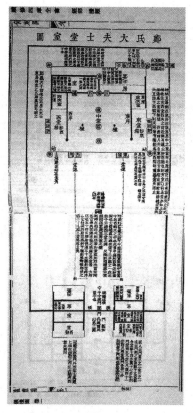

图2-5
清代学者张惠言据古礼经作《仪礼图》。

朝南墙谓之序端，墙北头称为序内。此处的"内"是空间的专用词汇，如"楹内""碑内"等。以《仪礼图》（图2-5）为例，序转折相隔堂上的东西空间，使前堂横向分为东堂、中堂、西堂三个部分；序墙自身又分为南向序端、北向序内，由此纵向分割出东西夹室空间。于是，堂的空间构成主要是以序墙为标准，按中轴格局来营造，形成中堂、东堂、东夹室、西堂、西夹室和宸地（牖户之间）六个部分。这些空间构件在明堂礼制空间中起到了疏导人群和序别尊卑的功能。海草房室内亦设有如此功能的构件，称为"屋壁子"（图2-6），即以木作隔断区分开明间与次间，可视作这类古礼制的遗存。

图2-6
海草房民居室内具有隔断和悬挂餐具双重功能的"屋壁子"，一般为松木质，框架式结构，卯榫结合。

2. 序别亲疏

序有两个伦理内涵：其一为分次序，其二为别亲疏。《尚书·顾命》记载了关于周天子路寝空间内序的功能作用：觐礼规定，君王秋日接见诸公与诸侯，路寝殿堂之上背对斧扆屏风，面朝南向；此处在前堂后寝的隔断空间内，被称为"扆"；扆地空间仅供君王位，以隔墙上的"牖"和"户"为标志，即"牖间南向"，后世学者认为窗东户西就是扆地。觐礼是最高规格的君臣会见礼仪，牖间南向的扆地在路寝空间中占有绝对至尊的位置，诸公和诸侯们依照官阶等级次序站列，面向北面的君主。路寝空间内也有处理日常事务的办公空间，即"西序东向"。堂上西隔墙为西序，君王之位在西序墙前，面向东而坐，处理日常政事。清代学者孙希旦认为，君王退入路寝内，大臣们治事于朝堂的左右位置。有时，大臣可持要务进入路寝，就在"西序东向"处与君王相商。若大臣们没有解决完政事，君王也必须在路寝的"西序东向"等候，即所谓"旦夕听事"。与之相对的"东序西向"空间比较轻松，功能为"养国老飨群臣之坐"。据《礼记·文王世子》记载，堂上东序墙所辖空间为养老之处，设"三老"（致仕的三公）、"五更"（卿致仕者）、"群老"（士大夫致仕者）代表的席位，天子以父兄礼养之。此外，"东序西向"也是宴赏群臣的燕礼空间。路寝内空间等级最低的是"西夹南向"，夹室位于东西厢序墙之后，处于比较隐蔽的位置，这是君王及其家庭内部成员的私用宴饮空间。

通过上述文献记载可以看出，礼制空间的东西序墙作用十分重要，它既是路寝空间内分割厅堂夹室的工具，又是规约不同地位、不同身份人员行为活动的秩序标志。在路寝殿堂上，序墙前基本为公共空间，而序墙后则为私人空间，围绕其布列的四个空间方位各司其职。因此，在大空间内设计出具有隔断功能的序墙，使一切与君王有关的礼制活动井然有序。

3. 序内的伦理观与民居厢房的空间礼制

传统民居称正房两侧的房屋为东西厢房，古时用"箱"字指称。《仪礼·觐礼》载："几俟于东箱。"①郑玄释为，东箱是堂上东夹室前堂，

---

① 阮元编撰《十三经注疏》，上海古籍出版社，1997，第1094页。

"相翔"待事之处。在此，"相翔"有徘徊悠闲、相待俟候的意思。另外，"相""翔""箱""厢"为同音通假，古文献中均用"箱房"，后世才转为"厢房"。行觐礼时，堂上东夹室之前的东厢为等候之所，下人们双手奉"凭几"（古代具有倚靠功能的家具）肃立以待，当来宾踞坐于重席之上时，才可出东厢设几于宾身旁，之后陈俎豆笾脯。由此可见，厢房的含义来源于"相翔"，引申为待事、等候、辅助和俟召之意。民居空间的厢房虽然不与正房相连，却是紧紧守候于长辈居住的正房两侧，东西厢呈左右守护之势，便于晚辈待有事伺候。长子居守东厢，次子居守西厢，这也是昭穆礼制的规定。我国南北民居空间格局均以正房为尊，有东西厢房左右相辅，根本上是按照序内两厢礼法确立的居住伦理原则。

四、四隅义征与室内空间

前堂后寝，东西两厢，是传统民居建筑空间功能的主体，其形制构建以伦理规定为基准。民居室内空间的陈设和家具安排也需要依礼制进行，诸如空间朝向、位置经营以及名谓都涉及对家族家居伦理观的显现。众所周知，建筑室内空间均为矩形结构，所谓"物之方者，皆有四隅"，隅指角落的意思，古代对室内四隅空间的礼制规定与民居室内空间的使用功能有着重要的关系。

1. 西南隅谓之奥

古代宫室将门户定于南墙近东方向，我国北方传统四合院民居便继承了这个制度，以东南方向开大门，堪舆学谓之"巽"位，因而北京四合院又称为"坎宅巽门"（详见本章第三节）。在民居室内空间中，与"巽"位大门相对的是西南角落，这是一个相对隐蔽的空间，宜为尊者安养或祭祀礼仪之用。旧礼称西南角空间为"奥"，即隐奥、深邃或幽暗之意。西南角落远离东南门户，阳光无法直射，加之牖窗与南墙正好形成背光，成为室内采光效果较差的区域。然而，背光背风紧靠南墙，也是安床置炕的好地方。山西锢窑民居建筑常在此空间设炕，如图所示（图2-7）。山西王家大院锢窑建筑室内的东南方向开门，西南角置火炕，直抵窗下，火炕北端有灶紧紧相连，以便祛风御寒。山东传统民居也常以这个原则建造卧室里的土炕。此外，礼制规定西南隅空间也是家祭的中心，"为人子者，居不主奥，坐不中席，行不中道，立不中门"①。奥者，室内西南隅，是隐奥无事之处。尊者居处，有安养之用；祭祀所设，有神位之宜。因此，西南隅空间的伦理制度比较严格，平日家居时，为人子者不宜坐卧此处。

图2-7
山西王家大院室内格局特点。

2. 西北隅谓之屋漏

《诗经》曰："相在尔室，尚不愧于屋漏。"②郑玄笺释"屋"为小帐，"漏"是隐的意思。礼制有在西南隅的"奥"空间祭祀完毕，改设馔于西北隅，此隐秘之处是祭事之末期所用。关于"屋漏"的解释，历来说法不一，有人认为是阳光透过南窗而漏进西北角落，形成较为明朗的空间；也有人认为是远古"覆土穴处"的遗存，同原始时代的穴居建筑一样，在屋顶中央凿"溜"，光线直射室内西北角，形成"屋漏"；在丧礼进行中，此处可以"沐尸"，将尸体安置在西北角"屋漏"下，靠雨水滴落煮水沐尸，即"爨灶煮沐"，以供丧用。但是，经后世学者考训，"屋漏"一词的本义是指用来掩饰祭祀设馔的席。清代学者马瑞辰训"屋"为"厞"，训"漏"为"陋"，均为叠韵通假，有隐晦之意。室内的西北角与西南角相近，同样是具备祭祀功能的空间。《仪礼·少牢·有司彻》载："有司官彻馈，馔于室中西北隅南面，如

---

① 语出《礼记·曲礼》，见阮元编撰《十三经注疏》，上海古籍出版社，1997，第1233页。
② 马瑞辰撰《毛诗传笺通释》，中华书局，1989，第954页。

馈之设，右几厞用席。"①进馈（祭祀陈设饮食）在西北隅，常以席掩蔽之，席帐隆起，形似屋顶，尽管简陋，但是实用，此为"屋漏"的引申含义。房屋建造以遮风挡雨为首要，不可能出现漏雨现象，"雨漏"或"沐尸"之说是后人的误解。古人以户为明，以窗为达，阳光与气息均可由东南巽位进入室内，尽管有南窗透光，但堂室进深较大，无法照进西北角，阳光"屋漏"之说未是。综合来看，马瑞辰的解释比较可信，室内祭祀活动常常将空间视作一种标准，亦为规约祭祀成员的法度，用礼制原则解释"屋漏"的空间内涵更加符合古意。在我国北方民居的室内空间中，西北角往往是设置各种神祇的所在，或许与古礼有些关系。

3. 东北隅谓之宧

传统民间居室营造观念存在很深的堪舆思想。堪舆即堪天舆地，针对环境、地理、水势、气候和人文等客观因素进行统一调查，以期寻找到适宜的方位建设居室。古代堪舆学的核心是阴阳和五行思想，目的在于将建筑、人和环境视作一个有机的整体，通过易理协调各种有利条件，以期达到"天人合一"的效果。《书经·洛诰》有"大相东土"的记载，《尚书大传》释为召公相宅，周公往营成周的意思。这是我国营造史上最早且规模最大的一次堪舆营建活动。堪舆观念的主旨是梳理自然与人的关系，辅助人类改造自然的能力。堪舆学的实践手段主要是通过勘察天文地理，辨别方位走势，确立建筑的朝向和座基，以达到适宜居住的要求。按照堪舆学的说法，东北方向是日出之初发，亦为纯阳之始，有如太阳一般养育万物。"宧"字通"颐"，有颐养、孕育之意，古时用"宧"命名室内东北角的空间。按《说文解字》的解释，"宧，养也，室之东北隅，食所居"②。古代宫室制度将东北隅的"宧"视作庖厨食阁。然而，据清代学者考证，在室内空间中未有以阴阳命名的惯例，但是室内空间的方位存在阴阳互推和变化。若"户在东南"，则东北隅就用"宧"来表示，所谓"宧"者，室内东北空间处于"阳气"初起，

---

① 阮元编撰《十三经注疏》，上海古籍出版社，1997，第1218-1219页。
② 段玉裁注《说文解字注》，浙江古籍出版社，2006，第338页。

象征养育万物之始。按照现代室内环境空间科学来解释，阳光由东南门户直射室内，东北角空间采光效果很好，有颐养身体、杀灭蚊虫、驱邪避凶之功效。

4. 东南隅谓之窔

《仪礼》载："举席扫室，聚诸窔。"（《仪礼·既夕礼》）"窔"指东南隅空间，门户开在此处，是光线进入室内的途径。《说文解字》将"窔"训为"户枢声也，室之东南隅"[①]。室之东南为门户所在，即前文"户东牖西"，门一开一阖，使户枢有声，义取于此。

以上所分析室内空间各个区域的名谓及其由来皆与功能有关，体现了"宜用"原则在传统居室空间营造过程中的重要性。按照明堂礼制，明堂各个组成部分均有中心的太室，为室内至尊之位，究其原因在于上古时期"覆穴而居"的传统。室内中心位置称为"中溜"，由覆土为顶的中心开窗，光线直达室内形成中溜空间。尽管后世居室不再采用覆土结构和中心开窗，但是室内中心空间的礼制留存下来，至今民间丧礼旧俗中还有"浴于中溜，饭于牖下"的说法。《尔雅·释宫》将室内空间分成"奥""屋漏""宧""窔""宸"以及中溜区域，规定不同性质的礼仪活动在相应的空间进行，礼制甚至为这几个空间布置了相应尊卑等级的陈设与家具。如今的传统民居营造保留了这些礼制空间的遗痕，而且结合家居空间的方位朝向，在重大节令和重要礼仪活动中规约家庭成员的行为。

第二节　东楮岛村海草房的空间规划

空间是视知觉在意识认知与感官体验基础上形成的连续性反映，任何物质体量元素都将被纳入空间知觉系统的视域范畴，包括体面、线廓、形态、

[①] 段玉裁注《说文解字注》，浙江古籍出版社，2006，第338页。

光影和色彩的变幻共同作用于多个维度之内，提供给人类感受空间效应的适宜条件。空间的价值在于以视知觉系统进行归纳和总结的过程。"我们与视觉世界的关系主要在于我们对其空间特性的感觉。没有这种感觉，要在外部世界中确定方向是绝对不可能的。因此我们必须把我们一般空间观念和空间形式感觉视为我们对现实事物的观念中最重要的事实。"[①]中国传统民居的空间特性更加倾向于自我保护或防御性的空间组成形式，墙体、院落、檐体、门户、台基等元素在视知觉的空间反映中形成一个不可分割的有机整体，共同运作于"宜用"系统。传统民居空间营造的观念主要体现在围合空间的形式特征和度量空间的礼仪制度两个方面。传统民居的"一般空间观念"由营造空间的外在因素和内在因素组成，二者的相互关系和作用造成了建筑形态在空间体验中的视知觉变化。

空间形态的特征总是受到地域性和传承性的影响，东楮岛村所处的胶东地区属海洋文化范畴，自然脱离不开传统渔业生产的关系。早期定居的卢氏家族长期在岛上居住，选择了地势高的东南角营造宅院。此处离出海的埠头近，有较长的沙质海岸线，便于赶小海，是渔民生产作业的好地方；后期定居的穆氏和毕氏都是勤劳的渔民，占据着东北处居住；尽管"所东"王氏家族在岛上人口最多，但其迁来时间较晚，只能插在毕氏聚落的中间，形成中街住宅群。谈到村落空间规划的沿革特点，毕家模老人认为祖先选择东边定居是有原因的："岛子东南角地势高，排水方便，俺这里都是'西流水'。那时候人少，东边地下有淡水，就是那个井台那里，还能种庄稼，都在那里建房。"按照东楮岛的村落空间规划，每个家族的住宅群皆以并列成排的围合空间院落来构筑，而且家族内部的伦理制度成为空间分配的主要原则。由此可见，居住空间的形态结构蕴含着浓郁的山东传统民间礼制文化。以下将东楮岛村民居空间形态与各地民居进行比较，可以发现构成其空间形态的历史和人文因素。

---

① 希尔德勃兰特：《造型艺术中的形式问题》，潘耀昌等译，中国人民大学出版社，2004，第1页。

一、围合空间的规划

我国传统民间建筑群落的构成模式以围合形态为主，在聚居过程中，这类空间结构起着重要的作用。一个村落的形成往往伴随着社会历史与文化的变迁，从寥寥几户定居到支系繁衍的门户制度，民居建筑空间总是根据"宜用"原则进行配置与拓展。随着社会的进步，子孙兴旺、婚配迁移、经济交通等因素，使村落人口日益增多，如何安置后代姻亲和外来人员的住房问题成为村子的首要任务。空间的营造既要使其适宜居住，又要符合一定的规律，满足人们安居乐业的需求，围合空间便成为民居建筑组织形式最实用的特征。

东楮岛村的围合空间比山东其他地方的民居都要紧凑，村落居住空间、流动空间、公共空间的布置整体有序（图2-8），究其原因有以下几种：首先，地理环境的特殊性促使东楮岛村的空间使用功能必须集中。东楮岛沿海

图2-8

东楮岛村海草房建筑规划较为集中，基本上占据岛内中心位置，居住地与海岸线之间有一定的距离。为了防风防海啸，村民院落紧紧挨在一起，纵横排列，错落有致。

岸线区域均为沙质土地，除开发用作水产养殖或码头空间之外，不适宜居住或耕种。因此，居住空间集中安排在岛屿的中心位置。其次，由于海洋气候和季风的影响，分散式的居住空间不利于抵挡海洋风暴。将围合空间的形态以集中式和紧密式设置，可增加使用的安全性。再次，古时东楮岛具有一定的海防作用，明代曾驻军屯兵抵御倭寇，而早期居民也以紧凑空间的形式作为集体力量的表现。如今，东楮岛居民祖上守望相助的团结精神被传承下来，形成了空间上的集中规划特征。除此之外，东楮岛村居住空间的规划受到宗族礼制和家族伦理观念的制约，在解决族内人口繁衍和联姻等问题时，如何拓展空间实为紧要。

根据目前测绘的东楮岛村空间规划图（图2-9），早期东楮岛村落是以东南部和东北部为核心，沿着南北纵向轴线建立院落。随着时间的推移，岛上毕氏和王氏两大家族子孙繁多，在其较早占据的空间内向外延伸，逐渐建立北街、南街和中街的村落格局。20世纪70年代，村落进行了一次规模较大的搬迁，原东部旧宅全部被拆除，居民皆搬入西部新建海草房片区居住，并形成了村落空间的横向发展。

图2-9

按照目前勘测的村落布局图，除新建建筑外，旧村民居以南北轴线为中心进行发展。

总之，东楮岛村居住空间的发展是其历史沿革的物质表现，除了近年来政府予以支持而获得的科学空间规划，以往东楮岛没有形成合理的空间使用规则。通过采访村内老人获悉，初来东楮岛的人都是"赶小海"的，他们或者早来晚走，或者搭建一个临时窝棚，根据捕捞海产品作业的环境条件选择聚集点。因此，由于渔业生产的缘故，早期东楮岛居民的空间营建活动必然发生在上述两个区域。

东楮岛地势东高西低，为了抵御海风和海潮影响，将空间结构集中在东北和东南区域，有助于生活起居的便利。毕家模老人回忆说，早年东楮岛的宅院空间面积都不大，很难与内陆地区的高门大院相比，其中有经济的原因，也有地理环境制约的因素。譬如说，海草房建筑很少有单体存在的样式，几乎都是并排集中建造，而公共流动空间也不多，街道狭小。北街和南街的海草房院落紧密连接在一起，东西山墙具有类似隔断的功能，北山墙几乎没有门窗，本地称之为"伙山"（图2-10）。院落空间的集中结构有利于共同抵御海风的冲击，而减少室外公共空间的面积亦是削弱风力的影响。此外，借助东高西低的地势进行排水，亦是形成这类空间格局的一个因素。海草房院落南墙根设有一道贯穿东西的沟渠，经过每家的西南角，即厕所位置，这是为了从地势高的东部往地势低的西部排放污水而建造的。其实，东楮岛村的排水系统始终缺乏较好的规划，村民自发修建了多道沟渠，试图将每户的污水汇集到西部排入大海，但因各种客观条件制约而未达成。集中式与紧凑式的空间结构可以形成一体化排水系统，有利于发挥因地势排放的效果。

图2-10

伙山样式的建筑格局是渔村聚落特点，一字排开的北山墙形成坚实防护，阻挡着北风和寒潮。

　　在荣成市宁津街道的马栏耩村、马家寨村、所东王家、所东张家等也有这类空间结构的布局。成排的海草房依次而建，街道与建筑的间距很小，没有单体建筑或院落存在（图2-11）。沿海渔村民居的空间结构是为了适应沿海地区的气候条件和地理环境，其围合形态的功能在于"宜用"，这与山地民居或平原民居是有所不同的。

图2-11
东楮岛村在空间结构上主要有几条中心街道，南北轴线上没有流动空间，除了套院内的"过道子"，很少见到南北向的胡同和路口。

　　山东章丘朱家峪村就是典型的山地民居建筑群落，由山体、冲沟、梯田、圩子墙、礼门、义路、祠堂、居室等构筑的建筑空间，完全建立在山势环境的基础上。经过明清以来几代人的营造，形成群山环抱、沟渠萦绕、城墙障蔽、族落围合的村落空间形态。与东楮岛村的建筑空间结构不同，这里的门楼与院墙相接，院落围绕连绵起伏的地势进行空间分配，但仍以北屋为中心形成东西两个方向的布局。以朱家峪村的"进士故居"建筑为例，此处为"明经进士"朱逢寅的故居，修建于清末年间。该住宅群将宅门院、主房院、私塾院和藏书楼集于一体，以院落为单元，形成七进式的围合形态。其核心是坐落于东西南北四个方向的建筑单体，其他院落有一合院、二合院或三合院空间，七个合院空间分属不同的家族成员。然而，合院并非严格按照坐北朝南、东西两厢空间布置，因山就势成为院落空间形态的主要特征。以当年朱逢寅居住的老院为中心，院落单位空间向东、南、北三个方向延伸，形成上下纵横七个院落空间的围合形态（图2-12）。每个院落空间的形态基本由一个起居安寝的主院和一个储存杂物的辅院构成，合院大门在道路东边西向而开，其他各院落的布局均按照山势和道路进行设置，没有一定的规律。如今，"进士故居"的七进院落已经所剩无几，依稀可见东部几个荒废的墙垣，以及南院和北院空间（图2-13）。朱家峪村的"进士故居"具有典型山村民居风格，围合形态的空间设计在山区更加灵活多样，因山就势的营造思想更加注重人口、气候、地理、水势、洪涝等客观因素。

图2-12
作为山区民居建筑的代表，朱家峪村建筑空间格局以上下错落为主，建筑之间的高低序列随山势变化而定。

图2-13
著名的"进士故居"北院以东南门、倒座、东西厢房和正房的格局形成居住空间功能体系。

此外还有一例，地处山西省太原市灵石县的静升王家大院建筑群，其空间结构按照家族发展顺序形成了规律性拓展。首先，静升古村落的几个大姓家族成为聚落居住的主体，各种社会活动均围绕他们进行。这些大姓家族或占据堡垒或团聚沟巷，以一种聚合空间的排列方式展现出宗族意识概念。至于村落聚集区域的划分，街道的流动空间与建筑的固定空间在互动中任意组织成围合的形式，各自独立又暗甬相连，统一之中表现出个性的特征。从伦理学的角度看，关于静升古村落的构成，西王氏、中王氏和东王氏三大宗室聚落，以及张氏、李氏、孙氏、曹氏、闫氏等家族聚落，其各自围合的中心应该是宗祠。比如，西王氏的宗祠现为孝义祠堂；东王氏的祠堂位于东堡脚下；李氏祠堂位于西街中段等。由于采用家族聚居的方式，外姓流民只能围居在堡垒的周遭。王家大院建筑群以"一宗一堡"式的理念安排人们的起居生活方式，并利用围合的空间形式维护其本宗的利益，这是与东楮岛村北街住宅群和南街住宅群具有相似性的。东楮岛村毕氏、王氏和张氏家族的发展不像山西静升王氏家族那样壮大，因出海捕鱼的生产关系促使各个家族要紧密相连，所以在营造居住空间过程中也视院落门户为一个整体。东楮岛村没有形成"宗"和"堡"的空间格局，却将每个家族住宅群以"伙山"和"接山"的形式连成一体，显现出守望相助和同舟共济的表征内涵。毕家模回忆说，在传统社会里，东楮岛人特别讲究"族中"（或族宗，土语）关系，往

图2-14

早期定居东楮岛的毕氏和王氏两大家族，为了形成对自己起居有利的区域范围，双方以排水沟渠为界，北边为毕氏家族宅院，南边为王氏家族聚落。

往一支里的族人集中居住，具有相互帮衬的便利。"族中"有分界线，如北街的排水沟渠就是王氏与毕氏聚落的界限（图2-14）。王氏家族集中在沟渠的南边，毕氏家族集中在沟渠的北边。毕可勇和毕可淳分属于毕氏家族的南支和北支，同毕家模属一支"族中"，但毕家模辈分高。如今毕可淳始终居住在北支的祖宅，而毕可勇将南支的祖宅分批租给了外乡人。毕家模说，一支里的人"轧熟不轧生"（俗语），大伙集中在一起生活，既拉近了关系，又方便出海。

图2-15

东楮岛村在旧址上重新营建的海神庙，每逢重大节日、逢年过节、谷雨节等，此处便成为岛上村民聚集的场所。

由上述两个例子可见，聚族而居的传统村落需要建立一个核心空间，可以是宗祠，或者是集市、礼堂等公共空间，其他元素必须按照一定秩序围拢在其周围。东楮岛村不同于朱家峪"进士故居"和静升王家大院，其核心空间为东南海岸边的海神庙（图2-15），这里是"谷雨节"渔民们祈拜"海神娘娘"的重要祭祀建筑。每年阴历三月中旬谷雨时节，大量的海洋生物常常受潮流影响而聚集在东南和东北海域，是捕鱼捞海参的最佳时机，民间则有所谓"百鱼上岸"的寓意。出海打鱼前，渔民们要拜一下"海神娘娘"（妈祖），寄望在危机四伏的大海里能够得到神灵的护佑；守在岛上的亲人们盼望赶海者平平安安，亦将内心的情感寄托于海神庙里的神灵。海神庙所形成的精神空间既关系到村里每家每户的命运，又成为岛上村民起居生活的核心空间。依海而居的人们对海洋拥有一种观念，即生存和信任，不论哪个家族的人，在船上就是一个整体的一部分，只有相互信任才能生存。因此，东楮岛村的空间围合形式是一种精神凝聚力的表征。

二、套院空间的规划

四面环海的东楮岛村采用聚合形态安排院落空间，这是我国北方民居所固有的典型特征。在东楮岛村的院落空间结构里，二进式院落比较普遍，滨海区域较少出现三进式院落，有些院落是由于分家而形成的一进式院落。毕可淳老人是毕氏家族第七代，他回忆说，东楮岛村曾经有两家大户，其一是毕氏祖先毕启财和毕启善，他们于清顺治年间（1644—1661年）由东山镇柳树村迁入，营建了北街建筑群落；其二是"开明乡绅"王庚西，20世纪30年代曾拥有地产40多亩，为本村最大的地主，他提倡用度简朴，南街所建院落不过三进。后来，王庚西将家财捐出支持教育，组织建立了当时的楮岛小学（图2-16）。

图2-16

楮岛小学的建筑规格不同于普通民居，采用七间九架样式。王庚西用募集来的赶海费用，营建出宽敞明亮的教室，其目的是为渔民的后代培养读书人。

在东楮岛上居住的都是以赶海为生的渔民，质朴持家是他们的本色。毕竟岛上物资匮乏，而且能够满足生存拓展的使用空间非常有限，唯有因地制宜才可以安居乐业。利用三开间或四开间的海草房构筑起合院式的空间布局，以及对整体院落进行紧凑而有序的集中规划，显现了本地民居营造空间的传统观念。此外，村民们利用岛上环海岸线的地形结构，在沙滩和礁石上曝晒海产品，并寻找岛上那些盐碱含量低的土壤进行开垦和种植，最终形成了近海渔业生产空间、东部农业种植空间、中部与西部居住空间的特征。民间俗语"靠山吃山，靠海吃海"，东楮岛村利用特殊的滨海地势创造出适宜的空间形态，充分体现了"宜用"原则对传统民居营造思想的重要性。

1. 一进式院落的空间规划

一进式院落在东楮岛村传统民居空间体系中比较常见，这主要是基于家族"支锅"（土语，即分家）现象而产生的。北街的毕氏老宅院本为三进式院落，但是由于毕氏家族从第四辈开始出现支系庞杂和外族联姻情况，传承至今便成了独门独户的一进院空间。20世纪50年代，由于实行土改政策，一些大户人家的田地宅院被分配给贫农们，三进院一般平均分给三个贫农，便会出现大量一进院空间。据毕家模说，早期的东楮岛没有独门独院情况，南街北街的毕氏、王氏、张氏、吴氏等几个大姓家族都是三进院或两进院。这些大家族由于子孙逐渐增多，为了解决空间不足的问题，也为了防止后代争夺家产，就以分家和分配住宅为手段合理处置村子居住状况。当然，由于人口迁移和联姻，外来人口不断增加，有些新建海草房也以一进式院落为主。

东楮岛村一进式院落结构可以归纳为五种典型案例（见表1），它们之间的相同点是院门、过道、"倒房子"、东西厢房（或仅一座厢房）和正房构成围合空间结构，而彼此之间的差异在于正房和厢房的间数（图2-17）。通过建筑测绘和勘察可以获知，有些一进式院落是从三进式院落分割出来的，一般通过横向阻隔通道，或者纵向封堵过道而形成。于是，这样就产生了单体院落空间缺少厢房，或者本应为五开间的正房却仅存四开间的现象。以建筑伦理学视角来分析，这五种院落空间形式的结构，代表礼制尊位的明间始终处于正房中轴线上，尽管东西厢房或有或缺，但是传统民间空间营造的伦理观依然根深蒂固；不论过道和门楼是否受到分割住宅的影响，它们的位置始终是在东南方向，我国传统堪舆学的原则并没有随着"新建筑"格局的出现而失效；正房空间格局并没有因四个开间而显得背离传统，东西梢间的面积明显小于东西次间，明间的大门基本维持了中轴的"尊位"；院落里的公共空间，如过道、檐廊、天井和厕所，仍然按照起居生活的空间要求进行布置。

图2-17
　　一座位于东楮岛东北部的一进式海草房院落空间，"倒房子"、东西厢房和北屋正房形成一个单体院落空间的结构。

表1　东楮岛村民居一进式院落空间结构分析表

院落编号	空间构成元素
a	此院为后期改造，大门朝北，深入过道之中，流动空间为"之字形"结构；"倒房子"为原来的正房所改造，过去的腰房成为正房；院内有一个西厢房，原来的东厢房被并入其他院内；设有照壁墙两座，一为大门处，一为厕所处。
b	此院曾为二进式院落中的第一进空间，大门在东南方向，"倒房子"保留完整；正房为四开间结构，为腰房所改造，有西梢间；东西厢房保存完整，无照壁。在一进式院落空间格局中，该院具有典型性。

院落编号	空间构成元素
c	毕可淳居住的院落，曾为三进式院落的第三进空间，大门在东南方向，无"倒房子"；分家时拆除了腰房，并建造了南院墙；因后期改造，院内本无厕所，为使用方便而立隔墙建厕所；正房本为五开间结构，现有西梢间，东梢间被并入其他院落；东西厢房保存完整，照壁建于东厢房南山墙上。
d	该院为简易一进式院落的代表，属于后期新建海草房；大门在东南方向，设有院墙和照壁；仅有三开间结构的正房。
e	该院为后期改造的院落形制，大门在东南方向，有南院墙；西面角落原来为厕所，现囤草贮藏；仅存东厢房，西厢房已被拆除；正房四开间，有西梢间。

2. 二进式院落的空间规划

二进式院落是东楮岛村坐北朝南民居的典型空间格局，纵向结构相对完整，但横向的偏院往往已被分给其他住户。此类院落是以南偏东朝向的中轴线为重点进行空间规划，具体包括以下几种形式：第一进院内的广亮大门设在东南方向，与东厢山墙照壁形成出入的流动空间；若第一进院内东西厢房保存完整，二者以中轴线为基准对称相向，属于普通四合院的基本样式，而厕所的隐蔽空间则设在西南角；二进式院落有腰房和过道，是通达第二进院空间的途径，过道一般设在腰房的东次间位置；第二进院空间主要由东西厢房和正房构成，正房为五开间或四开间结构，厢房均为三开间。有些院落不设过道，直接在腰房和围墙之间留有通道，以便通往第二进院空间。

以村内东南部的毕可勇院落为例，这是保存比较完整的典型二进式院落。毕可勇当过兵，复员后开始捕鱼，做过船长，曾经是生产一队的队长，现为村办企业水产公司的副经理。据他回忆，其家族属于毕氏定居岛上较早的一支，论辈分自己是第六辈。很久以前，这个区域原来是一个大院，前后两进，左右都设有偏院，居住者同在一个大家族里。大概传至第三辈时，兄弟开始分家，形成了现在的东院、中院和西院。彼时，毕可勇的祖父被村民称作"顺爷"，居住在中院；其兄"正爷"居东院，其弟"和爷"居西院。

如今，能记得这几个人情况的唯有毕家模老人了。毕家模回忆说，那时的自己才五六岁，经常随长辈串门至"顺爷"家，村民们都记不起"顺爷"的大名，但皆称赞其为人忠厚和顺。毕家模说，尽管是由于分家形成了三个独立的二进式院落，但每个院内正房、厢房、腰房和照壁一应俱全。三个院都设有"倒房子"，开门的方向也一致，东院历史较长，为"正爷"的宅院（图2-18）。"和爷"主要居住在西院。如今，随着时代的变迁，三个"伙山"海草房建筑群的早期空间格局已经不复存在，只能透过那泛黄的海石墙体寻找昔日的辉煌。毕家模回忆说，这三个院落在"顺爷"的年代曾经维修过，都是请外村的石匠去东边近海打的海岩。当时，凿石炸石的工作自己家人干不了，只能聘请外村的石匠炸开海岩，处理好形状，再雇小工从崖底搬到修房的位置。可以看出，毕可勇院落的材料年代十分久远，在东楮岛村具有重要的保护和研究价值。

图2-18
毕可勇的祖父经历了分家，兄弟三人将祖宅分成三个二进式套院。

这个二进式院落的空间格局非常典型，如平面图（图2-19）所示：第一进院大门设在东南巽位，"倒房子"为三开间的建筑样式，中间为后期开的门；进入门廊后没有东厢房，据毕可勇回忆，在其父亲一辈时东厢房就被拆除了；为了阻隔外人视线，门口设置"一字碑式"照壁，因年久失修已看不出表面的修饰；缺少东厢房使得第一进院的空间格局失衡，也对西南角的隐晦空间不利，由此设计出一道"L"形影壁墙，其后为厕所；西厢房为二开间，一门一牖；腰房本为三开间结构，在东面有过道通向第二进院。第二进院的空间相对宽阔，西厢房为三开间，一门两牖，同样缺少东厢房而改为菜园；正房本为五开间，但是分家后东梢间给了"正爷"。毕家模认为，这个院子东部空间的废弃与当年兄弟三人各自"支锅"有关，同祖上老宅的面积相比，东院空间较狭小，加之偏院没有厢房，便将中院的东厢房及东梢间匀给了"正爷"。这类因家族后代分配住宅而引起院落空间改造失衡的情况，在东楮岛比比皆是。其实，若不是受岛上使用空间的限制，空间的拓展不应该靠分解祖宅来实现。

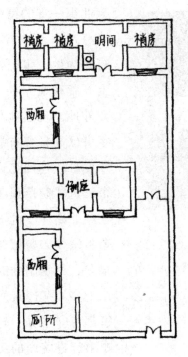

图2-19
毕可勇继承的毕氏第六代的宅院。由于各种原因所致，院子被分割成三部分，其中两部分租给了外地的渔民。目前，毕可勇的家人已经搬进了东部新建公寓区，但他自己依然在老宅的第一进院内起居。

3. 三进式院落的空间规划

由于历史原因，三进式院落在东楮岛村较为少见。据村民们的说法，岛上没有富裕的大户，缺少建设三进式宅院的资金和人力。曾经某些较大的家族在发展过程中分家析产，他们的三进式套院被分割成若干个一进式院落。

目前仅存的三进式院落布局位于北街中段，属于毕氏家族的大宅院，但早已荒废。其院落坐北朝南，基本布局为：三间"倒房子"加一个门廊，第一进院内东西厢房保存完好，过道位于腰房西侧，通向第二进院；第二进院内原本有两座腰房，厢房分列左右，可以通过西侧过道进入第三进院，毕可淳的大爷曾在此居住，如今也已被拆除；第三进院内没有倒座，只有腰房的北山墙与过道门廊组成的南院墙，东西厢房均为三间七架（檩）。第三进院落是毕可淳祖上七代都居住过的建筑，北屋曾为五间格局，包括明间与东西梢间、次间等，非常气派。然而，由于受分家及家族变迁等因素影响，目前毕可淳的祖宅已经破落，三进式大院只剩下倒座过道和第三进院内的三幢建筑。

图2-20

通过毕可淳祖宅院落的门廊可以看到，"过道子"是分家之前就有的；"倒房子"在南院，东西厢房已经被拆除，第一进院与第二进院之间的两座腰房只剩下一座；前方的院门属于第三进院，进入后有影壁墙和南墙（腰房北山），东西厢房仍保存完好。毕氏第七代毕可淳仍居住在第三进院的北屋内。

毕可淳是毕氏家族北街一支的第七代，已有78岁，早年靠出海打鱼为生，也曾经在岛上开荒种地，有儿女住在外地。现在他与老伴年事已高且都有病，勉强度日。他回忆说，这个三进式院落属于毕氏家族北街一支的大户，老祖宗兄弟姐妹和儿孙很多，最热闹的时候有二十多人一起聚居，大家都各守本分，轮流照顾第三进院内的父母。

老辈传下来的"西北院子"曾为"太老太爷"居住，经历了多次分家之后，毕可淳的祖父拥有了这座祖宅。毕可淳继承了祖父和父亲的老宅，并将院落北屋的一个梢间分给了东边居住的亲戚。毕可淳父辈有兄弟三人，分别居住在南院、中院和北院，而位于北街东边的偏院也属于近支族人。总之，北街居住的毕氏家族为同支同宗，早年均为三进式院落，分成东、中、西三个大宅院，彼此建筑采用"伙山"样式相连，体现同宗同族的力量。（图2-20）

第三节　海草房建筑空间的功能

中国北方村落传统民居空间普遍使用合院式结构，其中以北京四合院建筑为经典模式。各地民居根据自身所处特殊的地理环境，衍生出独院、二进式合院、三进式合院和四进式合院的空间形态。然而，合院的组合结构皆以"宜用"为原则。山东各地传统民居的空间布局也并非一味墨守成规，通常采用灵活多变的样式以适应地形限制。山东地理区域的特点为：中部为隆起山地，最高点是泰山；东部和南部多丘陵，且东部临海；西部和北部为平坦的黄河冲积平原。因此，多样化的地理形态促使各地营造出适宜的合院样式。譬如，山地环境的朱家峪村与四面环海的东楮岛村，二者都存在着与彼此地形相应的空间组织体系。朱家峪村传统民居的营建以随山就势为主，空间拓展与排列方式较为分散；东楮岛村传统民居因濒临大海，则采用集中式空间结构来解决岛屿面积小以及气候影响的问题。在中国古代建筑史上，传统民居建筑空间与宫廷建筑不同，不存在强制执行的等级观念和行政观念，"宜用"才是其营造思想的核心。此外，民间常把居住空间布局的形成诉诸所谓的风水观念，为空间营造思维蒙上一层神秘的面纱。其实，建立在繁杂玄奥之"八卦易经说"和"阴阳五行论"基础上的空间观念，反映了古代社会人们对于起居行为与自然环境相统一的认识，具有朴素的生态思想。

传统民居建筑营建往往受到一定的堪舆观念影响，但更为重视空间设计的伦理原则，礼制观念始终支配着建筑空间的功能显现。在山东民间流传着一句俗语："东南门西南圈，进门东屋就做饭，北屋住房不用看。"老人们都说这是祖辈营建房屋时留下的规矩。空间与方位的礼制原则是居住者行为的绳趋尺步。传统民居将伦理道德观潜移默化于隔断、墙体、空间结构等物化符号内，显现出建筑堪舆思想与人类行为之间的意向性。

一、东南门西南圈——空间与方位

通过上一节分析可知，东楮岛村传统海草房围合空间的典型结构为：整体使用空间坐北朝南，除特殊情况外，一进式、二进式、三进式院落的大门出入空间皆设于院落的东南方向，其形制或为单独门楼，或与南向的"倒房子"结合；每一进院中以围合结构组织南倒座、东西厢房、正房或腰房，并形成空间上的连续性。例如，东楮岛村96号院居住着村民毕可礼，这个二进式宅院本是王氏家族的房产，后来因分家而切断了腰房东面的过道，并且将南面第一进院卖给了毕氏。如今，村民王伯清居住在北面第二进院内，毕可礼在南面第一进院居住。第一进院保持了当年的典型空间格局，倒座建筑在东南方向设置流动空间，由大门与照壁构成。院内东厢房与西厢房对称排列，第一进院南倒座与西厢房的西南方位是厕所（后期改造加上了一面墙及铝合金门窗）。以前的腰房被改造成四开间式北屋。据村民王咸忠回忆，这个宅院年代较为久远，由于屡易其主，使得建筑设施破旧不堪。自从毕可礼的父辈买下后，历经修缮，几乎所有的墙壁和结构都置换了新型建材，但是空间格局始终未变。王咸忠认为，近年来村里老人们常常对海草房建筑的改造颇有怨言，尤其是大门的位置和朝向随意变动，甚至为了居住方便而开"北门"，这些行为改变了古村民居坐北朝南的空间格局，违背了"东南门西南圈"的传统。那么，在民间传统起居文化里，宅居流动空间的使用原则与设置"东南门"的信仰究竟有何关联？

1.东南门与宅居流动空间

我国北方传统民居常采用围院式结构的空间形态，以坐北朝南为空间设置的准则，堪舆学在理论上称之为"坎宅巽门"的布局。所谓"坎宅巽门"

的说法来源于易经八卦论:"坎"为北,坐北朝南的房子叫作"坎宅";"巽"指东南方,东南方位开设的门叫作"巽门"。坎者,在天为月,在地为水,堪舆学认为这个方位与卦象有"水行往来,朝宗于海"的寓意。"八宅"①中属坎宅者,其院落坐北朝南,住宅空间的布局以北和东的方位为贵。坎宅后天八卦的宅形意象属"壬子癸三山",阳宅中有"子山午正向"一说,"正山"和"兼山"都是坐北向南。此外,坎为北方属水,主草木退藏,有休养生息之义。

巽者,东南之位,为风属木,堪舆学认为木旺于春,东南方位处春夏之交,有万物兴旺之相,又是流动之气,出入随风,利在巽位。因此,东南方位开门在堪舆学中有着吉祥的内涵。东南巽位为生发兴气之处,万物起于春夏之交,若为大门,是主气运的上吉之相。难怪在被奉为堪舆学经典的《阳宅十书》中称坎宅巽门为"水木相亲",居住者大发富贵,子孙兴旺。

"东南门"的传统建筑民俗学意义在于,将住宅活动融入对自然环境生态的认知之中。譬如,住宅并非静止不动,通过人的各种出入、起居等动态行为,与天地风水、草木气候等因素共同处于一个循环体系里,彼此间相互作用、相互影响。因此,营造主体在改造自身居处环境时,必须恪守顺应自然客体运动规律的重要原则。民居造宅过程尤其重视大门的位置,民间自发营造住宅,设计大门的任务与上梁奠基同等重要。"大门者,合宅之外大门也,最为紧要,宜开本宅之上吉方。"②宅无吉凶,出入为辅,人之出入,步步去路,居处方位与流动空间的关系必然使大门成为关键,它关系到每一个具有宅居行为的人或物。东南门是我国北方地区大多数民居采用的开门方式,这既反映了堪舆观念的影响,也表明了传统民居营造的宜用观念。山东传统民居俗语所描述的"东南门西南圈",是民间对建筑风俗学实践的概括,亦是对生活便利与宜用性的直白表达。以东楮岛村民居为例,大门开在东南方向,东南风入宅须经影壁和东厢南山墙,而不是径直流入,有利于发挥滨海渔村民居院墙或山墙的抗风性能;东南门户避开正南方向,对于院内主要的建筑

---

① 所谓"八宅"是中国古代堪舆学中的一个流派,起源于唐代,宋代时十分普遍。此派善于将人的"八字"与八卦配合使用,形成八种释义的风水命理学。

② 杨筠松:《八宅明镜》,金志文译注,世界知识出版社,2010,第88-89页。

设施——北屋正厅，起到了很好的屏蔽效果，提高了宅居私密性空间的需求；最重要的是，东南方向开门为住宅内的流动空间引导主客出入提供了方便，避免了其他方向的不利。

"东南门"在我国民间宅居历史中具有相当重要的礼制意义。前文所述民居空间礼数的渊源在于明堂制度，明堂制度规定路寝和燕寝都有前堂后室的空间格局。古制居室皆南向，不论居住者身份地位高低，堂与寝的空间存在着尊卑之礼，堂寝所设"牖东户西"便是指宅居主要门户是在东南方向。传统民居继承宅居空间的礼制规定，以南向的东户作为主要流动空间的枢纽，并附有严格的礼仪要求。我国北方传统民居的东南门靠近坐南朝北的倒座，来客一般从东南门户进入，然后在倒座整理衣衫，等待北屋正厅主人的接待。总之，东南门已经是礼制空间的一部分，是出入住宅礼数的象征。

图2-21

　　鸟瞰东楮岛村，视野开阔，传统海草房与现代瓦房交错在一起，都是朝向东南方向的大海。海边的柏油路是20世纪90年代末修建的，过去村内都是沙土路。

此外，东楮岛村传统民居空间采用坐北朝南的格局，这也说明了其在当地气候、风势、地理和礼制方面具有一定的优越性（图2-21）。其一，东楮岛常年遭受海风海浪侵袭，具有强烈的海洋气候特点，冬日阴冷，夏日潮热，岛上亦无高山丘陵庇护，因而朝向东南方向建舍是属于"背阴抱阳"的起居方式；其二，海洋季风较强，建筑墙体的抗风性必须增强，空间格局围绕东南至西北的轴线设置，有利于缓解岛屿居住区受海风冲击的影响；其三，尽管环海地理特征限制了东楮岛村使用空间的拓展，但是东高西低的地势使在东南方向建造的住宅具有较好的排水和防潮功能；最后，古代礼制要求庙堂与官署坐正北朝正南，以昭示其社会地位，民间屋舍朝向东南方向的定位是一种免"僭越"之嫌的做法。

2. 西南圈与宅居静态空间

东楮岛村北街和南街的"伙山"式建筑空间整体呈现出东高西低的布局，其中有定居先后和营建顺序等原因。毕家模认为，村里"西流水"（排污）的形成存在客观因素和主观因素，尤其是早期先民受"风水"观念的影响较大。其实，从堪舆学的角度进行分析，西南方位具有某些特殊的功能。譬如，按照后天八卦的方位指示，宅居的西南方向为"坤"位。坤者，阴柔地属，向在西南，主夏末秋初，象草木归根，致养于地。堪舆学认为，坤性阴，凡阴气皆由其始，不利于居处；坤为母，阴牝之属，繁衍生息，利于畜养，即《易经》中所谓"利牝马之贞"。民间在营造院内西南空间时，往往将猪圈或牛羊圈设于兹位，以求养殖兴盛，"东南门西南圈"便为此意。

民间还流传着一种说法，"西南圈"是指厕所的位置。乡村宅院的西南方位养殖家畜，是藏污纳垢之地，有厕所毗邻比较方便。若撇开堪舆学单独剖析，西南空间方位确有一些特殊功能的显现（图2-22）。其一，宅院的西南空间位于南院墙与西厢房南山墙的交汇处，采光效果差，空气不流通，气运不畅，属宅居的静态空间。前文所述"奥"之内涵也适用于此，阳光和海风通过东南门运行于整个宅居空间，唯有西南"奥"空间阴凉隐蔽，难以通风。与宅院内其他方位的空间功能相异，宅院内的西南方位更适宜于畜养藏纳。因为此处远离起居空间，人员流动较少，污秽之气不会随风而入内宅，所

图2-22

毕可勇祖宅院内的二进式院落，倒房子西面有"L"形影壁，其实是为了掩饰厕所。"东南门西南圈"，山东传统民间院落空间结构显现出利于起居生活的方便性。

图2-23

猪圈与厕所结合，利于清洁和养猪，也利于东南风的进入。"猪大自肥"只是一种剪纸年画般的符号语言，属于山东民间特有的祝愿方式。

以圈养牲畜或如厕隐讳都不会为宅内空间带来不便。与所谓的风水观念相比，山东传统民居空间"西南圈"的语义更多来自"宜用"观。例如，山东高密柴沟地区的民居常在西南空间垒砌猪圈，门栏避开东南大门，朝向西北，在厕柱上张贴"六畜兴旺"或"猪大自肥"的字样（图2-23），红底黑字表达了对富裕生活的期盼，亦显现出西南空间繁衍生息的功能特征。宅居内西南空间的这种功能在北方民居中相当普遍，至于"圈"与"厕"的关系也是这种观念的延伸。"西南圈"内养猪养羊，难免腥臭秽戾，牲畜的排泄物与厕所的排泄物共同置于此地，既便于处理也可阻止秽气进入内宅，是一举两得之法。

由此可见，"西南圈"与"东南门"相对应，反映了传统民居建筑堪舆的生态内容。东南门户，纯阳之发，流动变居之所，出入紧要，关乎起居礼制；西南间奥，纯阴之牝，藏纳隐晦之地，生生不息，关乎家境实用。二者彼此对应、相互关联，形成了民居空间的生态体系。"东南门西南圈"不仅体现了堪舆学关于宅居空间营造的内容，而且成为民居宜用观念在引导空间规划方面的主要思想，将起居便利和尊襄承辟的空间功能进行了制度化和模式化的经验总结。

二、进门东屋就做饭——灶台空间

东南门和西南圈之后是紧挨着一进院大门的东厢房或东配房，民间营造将炊食空间设置于此。按照东楮岛村老人们的说法，灶台必须紧挨着大门，有的人家在东厢房做饭，有的在正屋明间做饭（图2-24）。前文提到，古代宫室制度将东北隅的"宧"视作"庖厨食阁"。室内东北角可称为"宧"，院内的空间布局同样

图2-24

　胶东民居正屋明间内设有两个灶台，东楮岛村的海草房民居也属于这种体系，只是松木质的"壁子"具有特殊的伦理印记。

将占据东北方位（与东南门相应）的配房作为"庖厨食阁"。按照古人的阴阳观，东北方向为阳气始起之地，主育养万物万灵，故曰"宧"[1]，即颐养也。在中国古代建筑史上，汉代宫殿多设有东厨，将炊食空间安排在宫殿或堂的东北角。古制传承至今，民间也常在东屋生火做饭，"进门东屋就做饭"暗含古代堪舆学的阴阳观念。然而，以空间功能实现方式进行分析，东屋位于

---

①刘熙撰《释名疏证补》，毕沅疏证，王先谦补，中华书局，2008，第180-181页。

图2-25
我国北方传统民居烧火做饭的普遍样式。风箱、灶台、大铁锅和柴火，在炊烟袅袅中构成人们日常忙碌的景象。

东南门之北，东南风从大门而入，受照壁或东屋山墙阻隔，不会直接影响到东屋空间，可阻止炊烟污浊之气蔓延。除此之外，山东民间的传统住宅为炊食烹制特意划出了一处空间——堂屋的东南角或西南角。通过实地调研发现，鲁中、鲁西南、鲁北和大多数鲁东地区的民间居室均采用在堂屋东南或西南处的空间配置灶台。高密地区传统民居室内，堂屋南门后有两个灶台，一大一小，大的供五口人饮食用，小的供两口人饮食用；海阳地区与荣成毗邻，其居室生活风俗亦有相似之处，在正房空间设一大一小两个灶台，可以分别用于做饭和烧水（图2-25）。这些实例说明，采纳何种炊食空间的布局，归根结底是出于生活宜用便利的考虑。

三、北屋住房不用看——燕寝礼制与私密空间

调研期间发现，东楮岛的年长村民称院落北屋为"正房"，我国古代建筑文献亦称宫殿的寝卧空间为"正寝"，二者存在礼制意义上的关联。《诗经》有"筑室百堵，西南其户"[1]之说，这是古代有关宫室营造礼制的最早记载，文中描述的是周宣王承乱中兴之后，大造土木，考室殷民等活动。按照周礼规定，周宣王在西都（镐京）先修宗庙，后置寝宫，遂在燕寝之中载歌载舞，"爰居爰处"。尽管"百堵"宏大建筑一时俱起有些夸大其词，但是以周王朝彼时的经济实力和建筑技术，营造大型宫室应该不成问题，关键在于营造过

---

① 阮元编撰《十三经注疏》，上海古籍出版社，1997，第436-437页。

程中如何履践空间礼制的要求。综合汉代郑玄、唐代孔颖达和清代马瑞辰的观点，"西南其户"蕴藏着深邃的空间营造礼制思想，对于后世传统民居建筑空间的功能显现具有重要的影响。

1. 燕寝制度与寝室空间

我国传统民居寝室空间的功能来源于路寝和燕寝古制。路寝出于《诗经·鲁颂·閟宫》的"路寝孔硕"语义，古礼指天子或诸侯的正殿正厅；燕寝指休息的地方，亦指闲居之处。路寝的功能与规格明显高于燕寝，而燕寝制度在文献中释解不详，仅有郑玄在《周礼注》中释为"六寝者，路寝一，小寝五"[①]。孔颖达在《礼记·曲礼》注疏中认为，周代天子有六寝制度，供卧息之用。一处正寝宫室，也就是大寝或路寝，其空间功能是听政；正寝后面五处宫室为燕寝空间，即"小寝五"，供朝议结束后天子退居小憩用，可在其内解朝服休息，这便是"路寝以治事，小寝以时燕息焉"[②]的意思。按照礼制空间的营造规定，五处燕寝空间的布局必须根据方位进行安排。东北燕寝空间属纯阳之发，君王春日居之；西北燕寝空间属纯阴之藏，君王冬日居之；西南燕寝空间属少阴之选，君王秋日居之；东南燕寝空间属日当之夏，君王夏日居之；中央燕寝空间属后土之中，君王六月居之。燕寝制度的等级规范为：诸侯以天子燕寝为其路寝，士大夫又以诸侯路寝为其庙寝，随地位高低变更规格，而空间形制结构基本不变。清代学者胡培翚认为，天子至士大夫，甚至庶人皆有燕寝，只不过空间规格与寝室数量不同罢了。

"北屋住房不用看"是民间传承古礼的一种说法。按照北方传统四合院的礼制空间要求，居北的宅房高大巍峨，其地位等同于路寝空间，是整个建筑空间最为尊显之地，常安排长辈们居住。山东古村落传统民居体系里的北屋由三个空间组成，包括堂屋、东西两次间或梢间，俗语"住房"就是指梢间的寝室。东楮岛村的合院住宅均以北屋为私密性空间，堂屋设中堂或灶台，以墙或隔断分开室间，东西次间南墙牖下均设有炕，非家庭成员不允许

---

① 阮元编撰《十三经注疏》，上海古籍出版社，1997，第675-676页。
② 同上书，第675页。

图2-26

毕可淳家的三进院北屋后墙。因分家和历史原因，该院北屋有两个梢间被分给了亲戚，毕可淳现居住的堂屋只有三间结构。

图2-27

高密地区堂屋空间结构，明间进门处有两个灶台，土坯墙作为隔断，有侧门户进入次间。

入内。以东楮岛村的毕氏老宅为例（图2-26），这是东楮岛村迄今为止保存较为完整的三合院，居住过七代人。毕姓是村中的大姓，曾以河沟为界占据东楮岛村的整个北部空间。毕氏老宅北屋正房为三开间，堂屋中间为厅，东西次间有炕，厅内设两个灶台，可为土炕供暖。此北屋隔墙采用红松、杉木制作，或为船木余料。高密地区的传统民居在北屋的空间布局上更加明显（图2-27），东西次间均以土坯墙相隔，有侧门户，内贴"抬头见喜"装饰，堂屋门后也设有两个灶台。这种布局方式在鲁西南地区的曹县民居、巨野民居、郓城民居、鄄城民居以及嘉祥民居中也很普遍。如果来客从东南门进入，那么经过倒座与东西厢房，直面北屋时所见到的只有中堂或灶台，最为私密性的寝卧空间与设施被隔墙掩饰，成为宅居的特殊区域。民间俗语非常直白，"不用看"表明了北屋的功能性原则（图2-28），亦体现出这个空间在方位上的燕寝礼制原则。

民间常把北方四合院的空间方位据伦理制度描述为"北屋为尊，两厢次之，倒座为宾，杂屋为附"，此类说法在堪舆学理论中颇为流行，但为何"北屋为尊"并无定论。结合礼制空间的形成与发展，"北屋为尊"可释作三条。

图2-28
山东滨州魏氏庄园北屋与东西厢房的空间结构。

其一，源于"天子负斧扆南向而立"的礼制。北面方位有尊显的功能，《礼记·曲礼下》载："天子当扆而立，诸侯北面而见天子，曰觐；天子当宁而立，诸公东面，诸侯西面，曰朝。"[①]古时天子分四时接见诸侯王公，春见曰"朝礼"，夏见曰"宗礼"，秋见曰"觐礼"，冬见曰"遇礼"。按照郑玄的解释：朝者内朝而序进；觐者庙门外而序入。无论是"扆"还是"宁"（门与屏之间），君王均是负北南向而立，诸公诸侯均北面称臣。夏宗依春，冬遇依秋，北位尊贵成为恒定不变的定式。因此中国传统建筑皆坐北朝南，以尊位凸显伦理思想。其二，前堂后寝的古制使北屋具有尊贵与私密的功能。古者筑室皆南向，明堂、宗庙、宫室、寝宅等建筑非特殊情况都是坐北朝南。因此，前堂后室的空间格局确立了北位空间处于室内或室外最隐蔽的后方。按照旧礼所说：堂者高显貌，堂的功能在于聚事接待；室者人财实满也，室的功能在于养息。北屋将二者结合，具有家居之中最为重要的空间功能。其三，传统民居的北屋空间结构为三开间或五开间，源于路寝北堂两翼的形

_____

① 阮元编撰《十三经注疏》，上海古籍出版社，1997，第1265页。

制。根据清代黄以周对伏生《尚书大传》和《考工记·匠人》注疏的研究，北堂位于室之北，是整个路寝空间最为隐蔽的地方。天子路寝形制如明堂，明堂礼制要求"世室"之北设东西隅室，称为东西房，北堂居其间者，空间地位至尊。丧礼规定，尸在太室，敛殡在南堂，北堂为恤宅[①]。孔安国将"恤宅"释为路寝延后之北堂空间，使太子（宣王）居其间，以忧为天下宗主。因此，祭祀时的北堂具有仅次于太室空间的至尊地位。北堂的结构是"一堂二内"，堂居房中，且位于整个宫室空间结构的最后，亦是私密性最为严格的空间。结合明堂路寝制度可知，北堂是传统民居寝室空间结构的起源。

综合上述三个因素而言，民间俗语所说的"北屋住房不用看"说明了北屋的空间方位及其功能特征，它具备寝室空间的私密性和隐蔽性，也为家族成员寝卧休养提供了比较安逸和清静的居处。民间用直白的语言提醒外来人要遵守居室的规矩，北屋空间不可直视，非请勿入。

2. 侧户与正户

古制燕寝空间的营造均有正门户通向北屋中堂，并设有侧门户达于左右两个室内空间，这便形成了所谓的"天子之寝有左右房者"之说。按照燕寝制度，天子燕寝设左右房，诸侯有夹室，大夫以下"东房西室"。其实，"房"与"室"相同，传统民间的北屋寝室均为三开间或五开间，中堂当正门户，而东西次间均设隔墙开侧门户以相应。这种寝室内堂的空间营造方式在汉代民居中被大量使用。如《汉书·晁错传》载："先为筑室，家有一堂二内，门户之闭，置器物焉。"[②]张晏认为，二内即二房。既有二房，则需开门户以出入，于是以侧户相应正户，形成了三间三户的空间构造。

以东楮岛村为代表的山东古村落传统民居空间，在形制与结构上传承了燕寝制度。北屋为三开间或五开间，中堂正朝着大门，是为正门户，胶东民居往往喜爱在大门上张贴门神年画，而鲁中南民居则多贴对子；进入正门户，左右设灶台，北山墙中央设中堂，东西为两次间的隔断墙，或为木制或

---

① 语出《书传·顾命》："延入翼室，恤宅宗。""翼"为明室之意，非两翼之说，不是夹室的意思。（参见黄以周撰《礼书通故·宫室卷》，中华书局，2007，第25页。

② 班固撰《汉书》，中华书局，1962，第2288页。

为土坯墙，有西向门和东
向门（图2-29）。这种非
常普遍的民居北屋空间结
构符合"西南其户"的说
法，南向的正门户在北屋
中开间，可登堂入室；东
隔墙开门户向西，为西向
户；西隔墙开门户向东，
为东向户。尽管如今的家
居结构不再苛求长辈居住
在哪一个次间，但是入室
必经正户的营造观念避免

图2-29
海草房明间两侧的木壁子就是分隔明间与次间的结构。

了寝卧空间被一览无余的尴尬，为北屋空间的私密性和隐蔽性提供了方便。
因此"北屋住房不用看"，想看也会被东西隔墙阻挡住视线，古时燕寝制度的
礼仪要求始终存在于传统民居空间形态营造之中。

四、东炕西炕——"东为大，西为小"的室内空间伦理功能

再次详细研读东楮岛村民居空间结构和功能，会发现某种内在规律支配
着营造标准和制度。譬如，民居建筑群整体朝向东南、东南设巽门、东屋烧
火做饭、东厢长子居处、院内过道设在腰房东次间等。东方的位置和朝向对
传统民居空间思想如此重要，其根源何在？当然，由于历史与社会变迁等因
素会产生移风易俗的情况，如家族内部分家和住宅改造时有发生，但是上述
规律始终存在于目前的海草房建筑内，这又说明了什么？

1. "东炕西炕"室内空间与伦理功能

据毕家模老人介绍，传统海草房在建设之初总是先划定正房地基，欲兴
造正房，则先设定室内空间的"东炕"和"西炕"。土炕是胶东地区传统民居
的主要设施，可坐可卧，"炕上吃饭"亦是胶东人家对来客最真挚的礼节（图
2-30）。炕在山东传统民居室内空间里占有十分重要的地位，其原因不仅来

图2-30

毕家模在东楮岛居住了80多年，以往逢年过节，儿孙同堂，大家挤在炕头上吃喝玩笑，非常热闹。如今，年轻后辈都搬去了荣成市里，住上了高楼大厦，但老人依然喜爱在老家生活。

图2-31

传统海草房室内家具与陈设。

自对于使用功能的满足，而且蕴含着诸多伦理色彩。以东楮岛村民居的正房室内空间为例，若是五开间的海草房，则除明间外，其余四个次间或梢间皆设炕，其铺设面积甚至能够占据房屋使用面积的50%。在普通海草房正房的空间内，明间进门处东西设灶和风箱，正对门户的北山墙处设中堂，家具陈设通常有一对灯挂椅、长案、八仙桌、碗柜等（图2-31）；东次间和西次间是主卧室功能区域，主要以炕为主，另配置大箱、衣柜、三屉桌等家具；次间家具围绕炕来布置，桌椅箱柜紧靠北山墙，与南墙牖下的炕间距1米左右，形成通道；梢间内主要是炕，也有村民将之作为储藏室使用；次间与梢间的炕内腔相通，且连接到明间的灶；明间的灶与次间的炕仅设一"壁子"相隔（明间以木隔断区分开次间，详见第四章内容），以区分起居空间与寝卧空间的功能。冬季的东楮岛气候十分寒冷，点火烧炕成为室内取暖的主要方式，炕头与灶相连，可以通过灶火余温加热，也可以直接在炕头的炉膛内烧柴薪（图2-32）。近年来，随着生活水平日益提高，有些村民家里安装了简易的暖气设备，烧炕取暖的传统也逐渐被替代。

图2-32
　　尽管东楮岛属于海洋性季风气候，但是冬天里海风凛冽，相当寒冷。居民在海草房内需要另外烧炕取暖，灶台旁边的炉膛直通隔壁的土坯火炕，冬日里烧暖了，非常舒适。

　　俗话说"老婆孩子热炕头"，传统社会里老人们以炕作为家族兴旺的象征符号，亦使其具备凝聚家人、规约家人的伦理标志。东楮岛村老辈人常常以"东炕西炕"来代表东次间和西次间的使用者，为两个空间的功能显现赋予了浓郁的伦理色彩。毕家模老人的一段话说明了正房东次间具有较高的空间地位：

　　　　东为大，西为小嘛！老年间，俺这里是正屋里烧火做饭，老房子正屋一进门就有两个灶。老房子的灶都连着炕，烟囱打山墙出去。眼前都使暖气，那个时候哪有暖气，就是烧火取暖。我40岁左右开始，有些人家里就不兴在正屋里做饭了，习惯在厨房里吃饭，厨房一般都是东厢房。为什么在东屋里做饭？东为大嘛。你看，家里老人一般住正房东屋，年轻的住西屋，老人能离火近啊。老人冬天在东边住，图个暖和，还能晒个暖阳。俺村里的老人都说过"东炕西炕"，老人住东屋，有事的时候敲一敲"壁子"，再喊一嗓子"西炕的"。儿媳妇住西屋啊，听见了要赶紧过来照应一下。就这么个风俗！

——2013年7月26日上午在东楮岛村西口采访毕家模记录

通过这段讲述可知，正房伦理空间的功能表现为：长辈寝卧居处东次间炕上，谓之"东炕"；晚辈居处西次间炕上，谓之"西炕"；"东炕"年事已高，活动不便，喊"西炕"过来伺候。由此可见，在传统民间起居文化里，家族成员的伦理地位和职能可以透过建筑空间符号表达出深刻的伦理意义。

2. "东为大"的空间伦理观念

毕家模老人的描述传达出一则信息——"东为大"。崇尚东位是我国建筑史上常用的营造法则，亦为礼制文化和伦理体系极其重要的概念。东部方位空间职能所具有的意义究竟有哪些呢？回答这个问题，还要从古代天文学和哲学角度进行分析。

我国古老的经书《易经·说卦》中描述："万物出乎震，震，东方也。齐乎巽，巽，东南也。齐也者，言万物之絜齐也。离也者，明也，万物皆相见，南方之卦也。圣人南面而听天下，向明而治，盖取诸此也。"[1]空间与方位被"易"的哲学思维赋予人文性质。对经文的解析可以暂时抛开"卦象"不言，在自然空间环境里，东方是万物生长的起始点；东南方为万物成长发展的过程；南方向明，万物交融相合之地，由东至南的三个方位相互作用而形成生态系统。所谓"圣人"就是指明智的人，他明晰自然的规律和原理，顺应自然之道，诸事循行自然之理。唐代孔颖达疏解此段经文为："斗柄指东为春，春时万物出生也。"[2]万物顺应自然生始，须以时间与空间的契合为条

---

[1] 楼宇烈校释《王弼集校释》，中华书局，1980，第577页。
[2] 阮元编撰《十三经注疏》，上海古籍出版社，1997，第94页。

件。古人夜观天象，按"斗柄"运行方向确定时间和季节。

我国古代天文学认为，每年寒暑交替之日，黄昏出现的北斗星"斗柄"随季节变化而指向不同方位，此天象可作划定季节之界限。所谓"斗柄"是指北斗星位内的"玉衡""开阳"和"摇光"三星。在公历三月下旬或四月初时段某天之黄昏，斗柄指向正东方位，正是二月建卯（农历），仲春之象，即所谓二十四节气之"春分"。按照古代五行阴阳论的阐释：春分之日，阴阳相半，正东方为阳，正西方为阴，昼夜均分，寒暑易平。汉代董仲舒认为："至于仲春之月，阳在正东，阴在正西，谓之春分。春分者，阴阳相半也，故昼夜均而寒暑平。"[1]春分阴阳，相半交合，万物初始，皆可以天象谋人事，这是我国古代哲学朴素唯物论的思想基础。西汉末年的一部纬书《易纬》收入名篇《乾凿度》，对上述哲学思想进行了翔实的论述，并提出系统的时空人事论。《乾凿度》主张八卦可以象征人事用度之次序，或者是按照方向序列规定位置尊卑，帝乃天之主宰者，纯阳之象，天之王气（降临之地）在春分，列"震"位，指东方。这就是"帝出乎震"思想的伦理基础，也是我国民间除夕或初一祭拜"天帝"（天老爷）的缘由。"帝"为"王天下之号"，并非特指"天帝""玉皇大帝""上帝"之类；"帝"仅作为一个符号，意指统摄自然的物象，而"震"在"八卦"之内也是生万物、主沉浮之象；"东方"是斗柄所指春分之象，寓意春时滋生万物。如果以《易经》的逻辑推演，则有春分天象斗柄指向东方，春季易万物生长，东方震位，主宰大千世界。我国民间传承的"东为大"思想是上述理论的实践原则，其应用范畴不仅仅局限在空间功能的营造方面，还延伸至诸多事理物象之中。譬如，民间戏文里太子所居称为"东宫"，主人、户主或者老板称为"东家"，如厕称为"登东"，诸多民间神祇以东为尊等。

我国古代哲学体系里具有朴素的唯物色彩和自发辩证性质的阴阳五行论，亦可对"东为大"空间思想进行论证。战国晚期，以邹衍（约前324—前250，齐国人）为代表的阴阳家运用"五行"推演法"尽言天事"，主张宇宙

---

[1] 苏舆撰《春秋繁露义证》，钟哲点校，中华书局，1992，第343页。

万物以"木、火、土、金、水"五种元素为本元的"五行"体系①。汉代将阴阳五行论发衍至哲学理论层次，认为天有五行，诸事须顺天行气，以为奥义。汉章帝建初四年（公元79年）召开"白虎观经学会议"，其要点由班固辑入《白虎通义》，促成古、今经文的统一。这部儒家思想经典巨作提到，五行之木属春，而春主生机万物，主张"木在东方。东方者，阳气始动，万物始生。木之为言触也。阳气动跃，触地而出也"②。这说明东方在自然空间的地位属性。春季阳气初生，万物现勃勃生机之象，如汉代许慎在《说文》里的诠释："木，冒也，冒地而生，东方之行；从中，下象其根；凡木之属，皆从木。"③他将东方的空间性质视作"顺天行气"的木属，而"东方之行"即有万物萌动之义。联系上文解析"宦"之庖厨意义和"东炕"之伦理性征，可以看出"阴阳五行论"对传统民间营造思想的影响。"东屋"烧火做饭，以"东"为空间符号来表征生养之行；"东家"建房是营造行为和营造观念的原本初始，即一切建筑设计制造活动的目的和起因；"东炕居尊"借空间地位象征人事伦理的尊卑秩序，以尊崇"齐家"的儒家思想。由此可见，"东为大"的空间观念是传统民居起居文化的思想基础，它产生于古代天文学、哲学和堪舆学的理论实践，应用于民间建筑的营造法则之中。

综上所述，山东传统民居营造所流传的"东南门西南圈，进门东屋就做饭"为一种定式，即功能空间的结构定式，这句朴实无华的俗语是建筑堪舆学实践的总结和概括。以东楮岛村为代表的山东古村落建筑群，营造空间的原则总是按照规定模式进行，利用礼教规约限定空间形态和结构特征，比如东南门的朝向与意义、西南空间藏污纳垢的功能，以及"东为大"思想在"东厢""东炕"里的空间意义等。再者，"北屋住房不用看"亦明确指出寝

①"五行"原本出自《尚书》"洪范"篇："五行，一曰水，二曰火，三曰木，四曰金，五曰土。"郑康成认为："行者，顺天行气。"五行之气，即自然运行之理。后世将之阐发为宇宙万物运动的内在结构和规律，并以"阴阳"变化为核心形成系统的理论。
②陈立撰《白虎通疏证》，吴则虞点校，中华书局，1994，第166-167页。
③许慎撰《说文解字》，徐铉校定，中华书局，1963，第114页。

室空间在居住体系内的重要性，更加强调营造北屋所遵循的礼制，以保持其空间的尊显地位，并严格限制其私密性程度。传统民居空间的营造原则看似普通，却蕴含着深刻的社会学、历史学、人类学和伦理学意义，针对其内容进行纵向和横向的交叉研究，将为现代住宅设计和丰富起居文化提供有益的帮助。

第四节　东楮岛的村落空间规划

据《荣成县志》载，东楮岛村落的起源与发展经历了大约400年，从明代中后期为加大海防力度而屯兵起，这个孤悬一隅的小岛便开始了规划和营造活动。彼时的东楮岛属于宁津所管辖，而"宁津所"地名本身就带有军事色彩。自清代以来，东楮岛在海防据点中的作用逐渐减弱，附近村落渔民随即迁入，并开始了定居、耕作和赶海活动。清末至民国时期是东楮岛村繁荣昌盛的发展阶段，卢氏、穆氏、毕氏、王氏等大家族在本村开始了营建活动，房屋设施和公共空间逐次完备，形成了目前建筑空间的基本格局。

一、东楮岛村落空间的规划与发展

毕家模回忆说，卢氏家族在岛上的时间并不长，许多村内的老人只依稀记得其坟地的位置，至于宅院则已无踪影。目前村内保留的老宅子基本属于毕氏和王氏家族，其规划特点是以北街、南街和中街为界限，分居道路两旁。

如图2-33所示，早期东楮岛发展的住宅规划均以东南部为中心集结，随着两个家族人丁兴旺，各自以中心聚落为核心进行延展。在这个阶段，聚落空间的容量较小，仅能供百余户人家使用。

如图2-34所示，20世纪20年代至30年代，东楮岛村的渔业发展较快，附

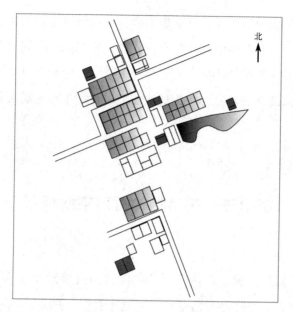

图2-33
清末时期东楮岛空间营造规划图。

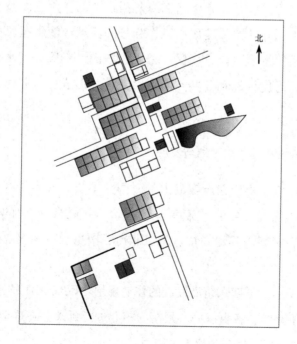

图2-34
20世纪20年代东楮岛空间营造规划图。

近的村民成群结队来到岛上"赶小海"（拉海草、捞扇贝、撬贝类等）。他们不需要固定的住房，只是在海边沙滩上竖立起挡风御寒的"窝棚"。民国时期，提倡村办教育，东楮岛村王庚西在岛上建立了唯一的教育空间——老学堂（楮岛小学前身）。彼时，村内可耕田地主要在东部，约占590亩地，岛屿中心为住宅区，西部、北部和南部为渔业区。

如图2-35所示，20世纪80年代至90年代，东楮岛村渔业持续兴旺，吸引了来自南方和东北地区的渔民，成为黄海湾闻名遐迩的埠头。村委为了发展本村经济，开始兴修水利和营建住房的项目。原来是一片沙滩的西部成为住宅区，南部的大道直接通向东部海滩附近，东北和东南区域内的耕地和埠头保持不变。

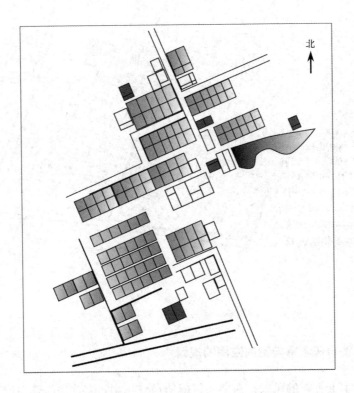

图2-35
20世纪80年代东楮岛空间营造规划图。

如图2-36所示，这是2000年以来东楮岛形成的主要功能空间规划，除环海公路建设和西北部海产公司厂房建设外，基本保持了以往的空间格局。按照我国历史文化名村的要求，东楮岛村保留了约9065平方米的传统海草房院落和单体建筑，并且依然使用具有百年历史的三条古街道。此外，大部分公共空间设施，诸如岛中央的集市空间、礼堂、自然形成的排水沟渠、古井台、水槽、碑刻、海神庙建筑等等均得到修复性保护。目前，东楮岛的聚落生活空间较为完善，除东南部和中西部的海草房大多租给外来的渔民或来此打工的各地民工使用外，基本维持着"毕氏占南北，王氏占中街"的空间格局。

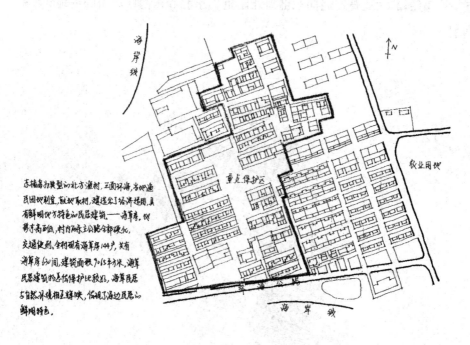

图2-36
2000年东楮岛空间营造规划图。

二、海草房院落与室内空间的规划

经历了上百年的风雨，东楮岛村落的144户630间海草房能够保留至今，且维持原状，这是十分难得的。由于历史和社会因素的影响，村落早期以家族为核心形成的独门大户已经四分五裂，现今海草房的院落空间多为一进式。

　　如图2-37所示，东楮岛村现存海草房一进式院落可归纳为五种结构样式，其中图b、c所示空间结构为完整的四合院，一般具有北屋正房的明间与次间组合式寝卧空间，以及东西厢房、南倒座（倒房子）、东南大门或门楼形式。图a、d、e所示空间结构由于分家等缘故，往往缺少东厢或西厢，或仅有腰房保留下来。

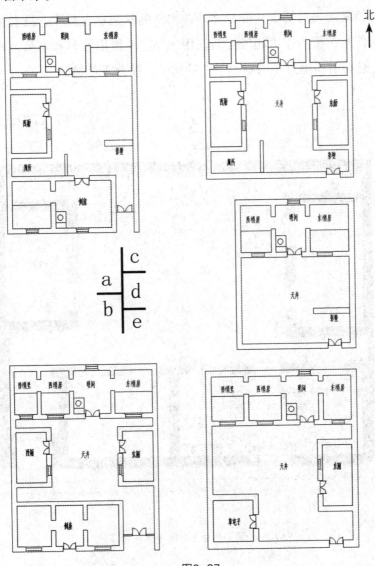

图2-37

东楮岛村海草房建筑一进式院落空间的结构类型。

如图2-38所示，这是东楮岛村中街84号院落及室内平面图，户主为王氏第八世的王本凯。20世纪40年代王本凯的父亲继承了北院，与兄弟分家之后，将腰房的"过道"封固，形成了"坐南朝北"的三合院样式。本院的门楼是王本凯父辈建造的，可依稀看到卧室空间改造的痕迹，储物间与卧室继续沿用旧时北屋正房的空间格局。明间内炕灶齐全，矮柜并列摆放，中堂下陈设八仙桌与一对椅子。除此之外，次间隔断是水泥封固，留有走道。东厢房与西厢房暂不作为起居空间使用，储存有废旧家具和农具，西厢房外墙壁上悬挂着捞扇贝用的铁箍子、铁钩子、铁笆子等物品。

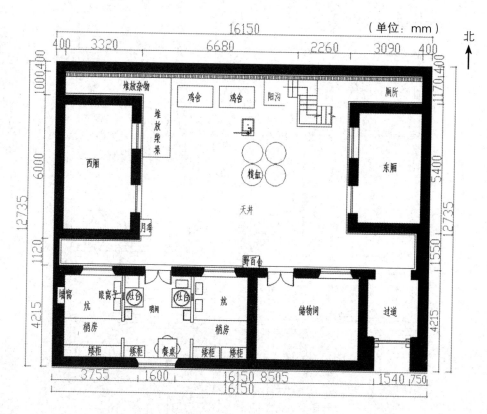

图2-38
王本凯院落（东楮岛村84号）平面图。

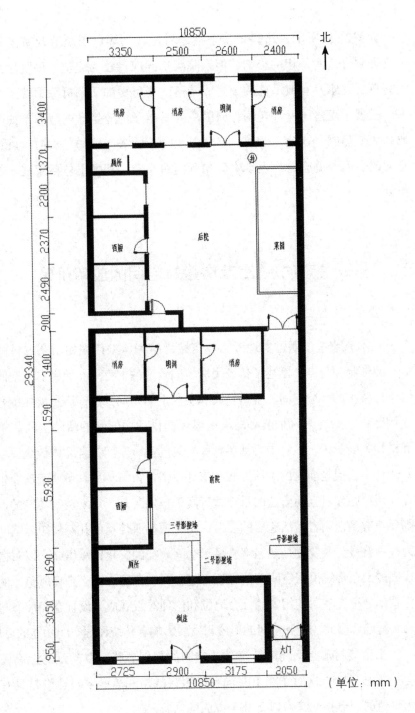

图2-39
毕可勇院落平面布置图。

如图2-39所示，这是位于东楮岛村南街的毕可勇院落及室内平面图，尽管受到分家和外租的影响，但是院落空间保持较为完整。该院落是村内传统海草房建筑具有典型性的二进式院落。毕可勇的父辈拆除了院子内的东厢房，扩展了院落的室外空间，原因主要是出于渔业生产的考虑。如今院内存放着大量渔网、铁锚、船舵、浮球以及晒干的海洋植物等。由此可见，起居空间改造需要适应住户便于生产和劳作的要求，其中也包括家庭人员的变迁与劳作方式的改变。

第五节　海草房建筑空间的应用价值

在本章节中，通过实地考察以东楮岛村为典型代表的山东古村落传统民居空间形制与特点，阐述了传统民居空间营造的"宜用"原则。从空间结构来看，海草房的环境空间、院落空间和室内空间布局井然，海石墙体围合构成的使用面积，始终为这个滨海岛屿的渔民提供适用便利的活动空间。单从形态和结构方面分析，尽管中心轴线对称格局的围合空间符合北方传统民居空间体系的特征，但是渔村的生活方式和信仰风俗使得海草房具备便于渔业生产的特点。传统匠作对空间营造的重视远远高于筑墙葺瓦，规划空间功能的设计思维既要考虑到使用者生活起居的习惯，又要遵循所传承的礼制规矩。空间形制仅为一种符号，重要的是如何解析赋予空间表征的文化传承语义。以东楮岛村为代表的山东传统民居空间营造思想，建立在"孔孟之乡，齐鲁风范"的历史文化基础之上，宅居使用者的社会地位和伦理等级观成为设置空间形态与结构的尺步绳趋。因此，礼制空间的形成与发展影响着传统民居空间功能的显现。

东楮岛村落空间与海草房建筑空间的规划思路，以满足岛上渔民生活起居为核心目的，这对于当下我国乡村振兴战略和美丽乡村建设是具有一定应用价值的。概括起来有以下几个方面的内容。

第一，海草房择取俯拾即是的生态材质，利用合理的细部连接方式，体现出空间形态与结构的均衡。均衡是一种营造空间的思维意识，是为满足功能的需求而表达出适合的面积尺度和使用维度，其概念融入了传统匠作营造空间形态的审美经验，最终达到功能与形式的统一。古罗马建筑师维特鲁威（Vitruvius）认为："对建筑师来说，没有比建筑物应当以一定部分的比例正确地进行分配更要注意的了。因此，如果已确定出均衡的方式，提出计量的原则，那么预先着眼于场地的性质、用途或外貌而进行调整，就是对于有技巧的人特有的业务。这时，对均衡施行加减，以使这幢建筑物看去必须造型正确，而且外貌也不会存在尚有期待的地方。"[①]在东楮岛村的传统民居建筑空间结构里，正房空间的计量不同于厢房或倒座，更不同于过道空间和门廊空间，但是均衡可使这几个部分通过细节上的增减而统一于矩形几何图示原理。空间的度量总是被赋予诸如比例、面积、地理特征、环境气候、人际关系和遵守的秩序等内容，凭借民间匠作经验进行正确的调整和改善，以达到美观和宜用的目的。

第二，墙体、地基、门窗与檐石等建筑结构部件将围绕着如何适合空间而进行设计安装，唯有适合空间体验的审美实践，才可以使围合空间获得真正的建筑美学意义。"但建筑除了仅有长和宽的空间形式——即面，供我们观看的——以外，还给了我们三维的空间，就是我们站在其中的空间。这里才是建筑艺术的真正核心。……尽管我们可能忽视了空间，空间却影响着我们并控制着我们的精神活动；而我们从建筑所获得的美感——这种美感好像很难解释清楚，也许是，我们就不想费神去解释清楚——这种美感大部分是从空间产生出来的。"[②]由此可知，建筑的美恰恰是通过空间体验而产生的。以海草房为例，当我们处于由海边岩石垒筑而成的墙体之间，抬头仰望未经修饰的海草束和高粱秸秆时，三维度的空间感觉透过视觉、听觉和触觉的感官体验而实现美的传达。海草房建筑及其构成的空间体验是自然的美、返璞归真的美、生态的美的综合表现。

第三，传统海草房民居的功能空间系统建立在礼制文化基础之上，这是为了贯彻家庭内部成员之间日常行为的规章制度，利用空间配置约束其活动范

---

① 维特鲁威：《建筑十书》，高履泰译，知识产权出版社，2001，第164-165页。

② 布鲁诺·赛维：《建筑空间论》，张似赞译，中国建筑工业出版社，2006，第157-158页。

围，而且建筑诸要素皆以此为目的。礼之用，乃空间秩序遵循的纲纪，道德、伦理、等级、尊卑之规范。"夫礼者，所以定亲疏，决嫌疑，别同异，明是非也。"①空间计量的等级必须相配于家族甚至宗族成员的社会地位，实现亲疏上下、授受不疑、有异有同、是非明辨的秩序。俗，是日常惯用之行为，约定俗成，原本并无定理，却因趋之若鹜而为尺规。礼与俗二者是相辅相成的关系，在空间的位序制度统一的要求下融会贯通，形成我国传统民居特有的礼制空间思想。然而，"礼从宜，使从俗"②，民间的礼制思想终究是为"宜用"服务的，未必一切皆从礼，还要根据习俗不同划定使用空间的尺度、结构或比例。

第四，传统海草房民居建筑以"宜用"为标准，制定出室内与室外的空间功能和空间结构，这是生活方式与审美追求的符号化表达，也是人类改造自然能力的体现。明代造园家计成（1582—? ）在其著作《园冶》中提出，"宜"是使用者将起居生活的各类行为纳入住宅空间功能的原则，其中包括察地势以合宜、视环境以合宜、度空间以合宜、陈寝食以合宜、列礼仪以合宜、顺节令以合宜、循传承以合宜等内容。建筑空间的美学特征在于"巧而得体"和"精而合宜"③。得体者，空间的尺度、结构和比例必须适宜人类起居的计量，亦须适宜地形气候的自然规律。同自然相谋和，这是营造技术的合规律性与合目的性的统一表征。"用"就是实用为主。空间功能的配置、墙体垒作的样式、屋宇遮挡阳光的面积、檐椽屋架承载之压力、明窗净几适宜日常行为动作的度量等，皆以生活起居的实用性为原则进行设计。由此看来，宜用观念不仅对传统民居建筑意义非凡，亦为现代住宅建筑的设计理论提供了有价值的参考。

---

① 孙希旦撰《礼记集解》，中华书局，1989，第6页。
② 同上。
③ 陈植注释《园冶注释》，中国建筑工业出版社，1988，第47-48页。

第三章　海岩石料砌筑墙体 ≫

　　墙是建筑的主体。人类出于保护自身的目的，运用各种材料和形式营造出"蔽内防外"的墙壁。中国传统民居建筑的墙体类型包括外墙、堡墙、院墙、室内序墙、隔断墙、槛墙等，对外具有防御和界域之功能，对内则有循礼法和别亲疏的伦理作用。从营造学角度分析，传统民居墙体结构的工艺实现与上梁平基同等重要。不同区域的民间匠作就地取材，形成了土坯墙、石墙、竹墙、木墙和砖墙等样式和种类。山东传统村落民居的墙体营造方式主要有石墙、砖墙和土坯墙三种，威海和烟台等沿海地区的海草房墙体属砌石结构，其营造技术则秉承了古代齐鲁大地的建筑文化思想。

　　春秋战国时期，"冠带衣履天下"的齐国手工业强盛，拥有先进的宫室营造技术，并且产生了我国最早的工艺文献《考工记》。这是一本由"官方"颁布的关于手工业和匠作规范制度的文献，其内容反映了古代齐鲁工匠们卓越的制造水平。该书将从事木工技术、石工技术和瓦工技术者称为"匠人"，阶级同属"百工"职司。在建筑营造方面，文献记载有所谓"匠人建国"制度，并强调营造房屋的各工种之间相互配合，如石工奠基砌筑营建墙壁、木工斫枝剡棘营建架构、瓦工苫草葺瓦营建屋顶等工程施作。古代匠作器械落后，致使工种分配粗略，出现了诸如"木工兼识版筑营造之法"等情况。彼时，凡建国立邑或安民筑舍，必用匠人土木之工，而匠人长者谓之"匠师"，即施工总监，负责掌握工程质量和进度，并协调各工种间的合作。随着营造技术水平的提高，细致分工成为必然，宋代李诫的《营造法式》便将版筑之工与木作之工进行了划分，以明确各自工种技术式作的项目和分值。因此，我国的传统民居营造在操作过程中基本以木工为主，石工和瓦工为辅，相互配合，实现建筑营造的目的。

据荣成市东山镇小西夏家村81岁的老瓦匠董久春回忆，60多年前营建东楮岛海草房时，强调的并不是自身技艺多么纯熟，而是木子与瓦子、苫作与瓦作之间的衔接和协作，以及各个工种技术特点应该如何相互弥补的问题。尤其是在海草房墙体的营造过程中，瓦匠担负着制作海岩砌石结构的任务，为了确保木作与苫作的顺利施工，他们必须考虑二者的结合及做好衔接部位的细节。这些内容是匠师与匠人在传统手工艺劳作过程中的经验总结，亦体现出我国传统民居营造的人文价值和意义。

第一节　传统民居墙体营造的工艺

我国古代文献对建筑墙体的描述颇多，且冠以各种称谓，其中既有工艺技术的法则，亦蕴含着礼制文化或伦理道德的内容。譬如，墙可以称作"墉""垣""壁""堵"。《尔雅》称"墙谓之墉"，墉意为容纳和包容，说明了墙体组合形成围合空间的语义。汉代刘熙《释名》对墙的解释最为透彻，认为墙即障，在建筑体系内具有障碍、障蔽和蔽隐之功能。此外，古代宫室制度规定墙体功能可分为"内"和"外"两类：其一，墙是"自障蔽"以蔽隐私恶，此功能具有对隐私空间的庇护作用，主要对内形成伦理的屏障。

《墨子·辞过》记载："宫墙之高，足以别男女之礼。"[①]墙体的竖立对内部使用者来说，其主要功能是为了满足礼制和伦理的需求，而《左传》更是以"人之有墙，以蔽恶也"强调这一点。其二，墙体有对外防御的功能，譬如"垣"字的语义："垣，援也，人所依阻，以为援卫也。"[②]高大的城墙垣壁具有护卫居住者人身安全的作用，亦包括抵御风寒之功效。由此看来，前者对墙内使用者的障蔽是出于伦理的考虑，而后者对墙外之侵犯的抵御是出于社会属性的考虑，这是古代礼制文化要求居住建筑墙体承担双重责任的体现。除此之外，墙体作为建筑符号还传达出社会等级概念，如《尚书大传》中将天子宫室的墙称为"贲墉"，即高大雄伟的直墙，表达出天子"道正墙直"的等级观；诸侯使用的墙体称作"疏杼"，"疏"者"衰"也，"杼"即墙，诸侯所用墙之尺度必须衰杀（削减），不可与天子直墙相等。筑墙居室带来了生活水平的提高，使居住者起居遵合礼法，而庙堂共处、族中有序、内外有别这类墙体的等级观念亦在民间广为传播。传统民居营造手工技艺传承，亦将营造的内涵建立在古代礼仪制度和伦理道德方面，形成一个本元的文化基础。

我国古代建筑技术发展的历程表明，营造的本质在于改造居处的制度，做到各有家室，安居乐业。筑造宫室的墙体代替了自然岩石洞窟，即"易之以宫室"，实现了由穴居或巢居迈向室居的飞跃，这是建筑发展史上的重要路标。《淮南子·修务训》认为，墙的出现最早是在上古虞舜时期，舜作宫室，辟地树谷，大兴土木以筑墙，屋面举折多用茅茨。"茅茨土阶"是较为原始的建筑方式，夯土为墙，茅草覆屋。海草房利用本地特产海草覆盖屋面，选择海岩石料构筑墙体，其工艺皆为对古代墙体营造技术的传承。

一、定平辨位的工艺法则

立墙必先营基，营基须定平辨位。按照传统民居营造的工序制度，取水平、辨方位是首先要做的工作。东楮岛村落的地理环境位于山东半岛东尽

[①] 孙诒让撰《墨子闲诂》，孙启治点校，中华书局，2001，第30-31页。
[②] 毕沅疏证《释名疏证补》，中华书局，2008，第186页。

头，曾经是四面环海的岛屿地形，其地基取平和辨正方位十分重要。据一些村民回忆，当年维修海草房时，厚厚的海岩堆砌成墙体，地基并不深，以坚实的沙砾铺作。与内陆民居营造相比，周遭海域内俯拾即是的岩石和沙质土壤为东楮岛村创造了天然的建设条件，并提供了廉价且便利的墙体材料。然而，濒海沙地的特殊地理环境又制约着海草房的定基取平工艺。因此，古代建筑营建传承下来的手工技艺对海草房的墙体制造技术发挥着重要作用。

《考工记》记载，古人营建宫室必先施"水地以悬"与"置槷以悬"技术，即为正确辨别建筑群落所处位置而设定出中轴线和水平线。所谓"水地以悬"是指建筑施工前制定标高与水平之法，以四根方柱垂直插入欲建居室土地的四个直角处，为确保方柱绝对垂直于水平地面，以绳悬柱四边棱为准，遥望四柱的高下位置，进行平高就下的调整，确立方正平整的测量之地。庄子曾解释过此水平方法的技术原理："水静则明烛须眉，平中准，大匠取法焉。"[1]后世追求精确，常取四根垂直于水平地面的木杆，称为"植"，在每根植固定尺度的位置画线并悬以竹器，竹器内盛水；将四根植安插在营造建筑平面的四个直角位置，观察竹器内的水平状况，可定高下和水平准绳。宋代李诫在《营造法式》中总结了前代定平技术：安插在所平之地的四柱称为"表"，地中心位置设立"水平"，"水平"由两端开槽池的仪器和立椿组成，两端池内置水，各有浮子一枚，从浮子之首望表身标记，即可知地之高下。这便是现代水准仪的工作原理。

"水地以悬"是为测景辨位定水平，而"置槷以悬"是利用标杆之影辨别东西南北方位之法。槷，即臬，是古代测绘天文地质之数的工具。八尺方柱谓之槷，将其视为标杆，竖立于所平之地中央，观察其日景（影子），可得东西南北的精确方位。槷在土地中央，必须绝对垂直于水平地面，故利用前述悬绳之法正之，在方柱的四个边棱及四边中心位置垂八条准绳，皆附柱边以正。古代学者认为槷定八尺长度，实为测景长之方便，标杆若小于八尺，则影子太短，不易画标志以衡量；若大于八尺，则影子会出现虚淡缥缈现象，

① 郭庆藩撰《庄子集释》，王孝鱼点校，中华书局，1961，第457页。

也不利于测算。八尺之表立于日下，与人高度相当，顶天立地，是最适宜的支点。古代学者关于槷的讨论，皆以"天人合一"观为主，与古代希腊以人体之数度柱式风格相符，亦为我国古代建筑人文观的体现。若正确测绘出标杆在日下的影子数据，必须采用圆规工具辅助画线，即《考工记·匠人》所载"为规"技术。此处有两种解释，其中一种解释是：以槷为中心画圆，日出之时寻得槷影与圆形线在西边的交点，日落之时寻得二者在东边的交点，两个交点之间形成直线，就是东西正位。另外一种解释是：从日出之时开始循视，并标记影子的轨迹，至日落时为止，然后将轨迹点连成一条曲线，以起点和终点为端画圆，审视其东西位（图3-1）。这两类方式都是"为规识日出之景与日入之景"的精确测绘手段，为我国古代建筑营造"定之方中"[①]法则的科学总结。不论哪种方法，皆具有圆形中的一条直线，以此直线的中心为讫，连接槷点，便可获得南北之象。为求南北的精确点，还需参照日中之时的槷影，以及夜半时分天空中北极星的象，此处不再赘述。

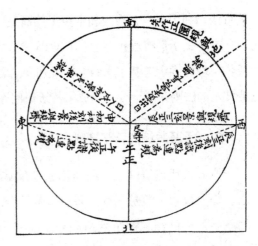

图3-1

清代学者戴震始为《考工记》作图，序曰："立度辨方之文，图与传注相表里者也。"此图示准确地描绘了利用标杆"为规识景"之法则。图摘自戴震著《考工记图》，商务印书馆1935年版。

　　古代建筑营造技术结合了天文历法、物理算术以及人文之学等知识，用科学的方式确立房屋建设的方位和基准，为后世营造所传承。传统民居营造技术建立在古代科学文化基础之上，尽管缺少先进的高科技精密仪器，但是取法自然的理念更加彰显出手艺匠师的智慧。譬如，海草房的定基测水平便沿用

---

　　①《诗经·鄘风》最早记述了营造宫室定平方中的方法。对于"定之方中"，毛传认为是天文学的营室星和小雪节气之合，最宜于建造宫室，有周语"营室之中，土功其始"为证。

了古法，利用扁担、棉线和木橛子等简易工具，实现精准的测绘结果。董久春说，老辈瓦子们将扁担竖直插在地基中心，以棉线系住上端，拉出距离相等的线长，即可确定地基水平线。由此可见，匠人们通过世代口耳相传，将古代营造技术的法则存留至今，形成了传统民间建筑的文化基础。

二、平基版筑的工艺法则

西方古代建筑使用巨石材料营造墙体，而中国古代建筑的初期阶段以黄土、灰土或素土筑造居室的墙体。距今四千多年前，生活在黄河中下游地区的原始人类已经掌握了版筑和夯土技术[①]，土坯墙或内含木骨架的夯土墙普遍应用于居室建筑营造。彼时，甚至出现了以细腻土质涂抹墙面，再以火烤墙体进行防潮处理的方法。尽管战国时期就发明了砖，但是土坯墙和夯土结构在明代之前始终与木构架一起被人们共同使用，我国民居普遍使用砖石结构是在明代之后。如今，这类原始"土屋"形制还可以在各地传统村落遗存（图3-2）中见到。

图3-2
章丘朱家峪古村落百年老宅，其墙体采用夯土结构，屋面为山茅苫作。

———————————
①山东章丘的龙山文化城子崖遗址证实了当时的原始土坯墙建筑营造技术。

夯筑土墙要先平基。据清代李斗所撰《工段营造录》记述，"平基惟土作是任"①。清代规定的所谓"土作"首先对夯土土质进行分析，以灰土、黄土、素土作为地基夯层的类别和结构，其基本原理是将虚土夯为实土，夯筑以稳定地基为宗旨。夯筑技术的具体工序环节包括灰土下槽、打夯头、取土平、落水压渣子、起平夯、打高夯等。此种夯筑法完全依靠手工操作，利用木夯或杵类传统工具对地基土质进行夯实和压平。如今，现代建筑定平地基采用先进的气动捣固机与夯锤工具，利用机械力和电力运作，实现自动式或半自动式夯土定基作业。传统平基技术受到工具、人力和环境的限制，工程运作往往耗费大量财力和物力，并且常有事故发生，平基亦成为建筑营造格外重视的技术环节。因此，民间通常把开始平基这天定为"动土之日"，往往诉诸祭祀仪式，祈盼工程的顺利。

按照传统的营造工序，平基之后便要开始逐层垒筑"土砖墙"，这里的土砖垒作即古代文献记载的版筑之法。在中国建筑技术发展的初期阶段，最早的墙体结构是利用黄土夯筑而成的，这种营造技术与西方古代建筑早期使用的巨石垒筑不同。生活在黄河中下游地区的原始人类至少在龙山文化时期（距今四千多年前）创造了版筑技术，并利用细泥涂抹墙面或进行烧烤，使得室内墙壁干燥防潮且平滑美观。战国时期产生了砖，这种新型建材却在很长一段历史过程中仅用于墓室修筑。明代之后，我国传统民居才普遍使用砖石砌构墙体。因此，欲了解中国古代建筑的营造技术，须从土坯墙或土砖墙的起源谈起。

《尔雅·释器》将版筑土墙的主要工具分为"业"和"绳"，根据晋代郭璞的解释，筑墙以土砖垒砌，上下承载的土砖块以四块筑墙版为模，筑墙版被称作"业"。筑墙时，将四张长短不一的木板围拢成框体结构，以绳子捆紧框架，人力浇注泥料于模中，并用木杵舂实压紧（图3-3）；土坯层层平砌、上下勒紧，每一层谓之"版"，五版谓之"堵"，这就是《诗经·大雅·绵》里描述的"缩版以载"。毛传与郑笺详细分析了利用"缩版"技术进行筑墙的

---

① 李渔、李斗：《一家言居室器玩部、工段营造录》，上海科学技术出版社，1984，第1页。

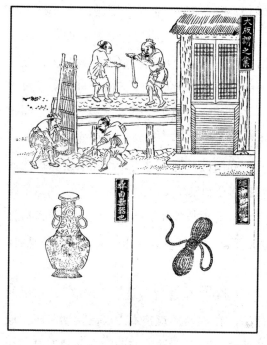

图3-3

图摘自古籍晋代郭璞著《尔雅图》，"大版谓之业"和"绳之谓之缩之"皆为《尔雅》阐释经文记载上古制作土坯砖和土坯墙的内容。郭璞曾为《尔雅》关于墙体制作的内容作注，通过描像还原了"缩版以载"的工艺做法。如上图所示，二人于土坯上杵春，二人于其下注泥。

主要原理。首先，筑墙版为一长一短两组木板构成的框体模具。汉代许慎在《说文解字》中将长版称作"栽"；短版为端木，称作"榦"。宋代李诚的《营造法式》称二者为"膊版"和"墙师"。其次，填入模具中的泥料必须春实，取土而后填之，填而后筑之，这是世代传承的技术工序法则。此外，土与壤是泥料同质异构的两种形式，人所耕作种植为用者称壤，其形松散和缓，而土则形如坚石。将加水处理的壤料注入模具中春实挤压，使得水分与空气排出砖体，以达到坚固耐用，这就是土坯砖的做法。

然而，筑造土坯墙或土砖墙技术里最为重要的一个环节是准绳工具施用。古代营造技术的标准规定："百工为方以矩，为圆以规，直以绳，正以悬。无巧工不巧工，皆以此五者为法。"①管子亦将绳视为扶拨以正的标准工具，而其绳者，营度广轮，方正之制也。"缩版以载"中"缩"字的内涵，即指用绳约束筑墙之版，亦指营度位置依绳直的方正为准。于是，便有了后世的"准绳"意义。绳有大有小，大者谓之索，小者谓之绳，视筑墙版之量而度用。《考工记·匠人》记载了用绳缩版的原理，建造城墙或宫室墙体的匠人们筑土缩版，必用绳索约束长版

---

① 孙诒让撰《墨子闲诂》，孙启治点校，中华书局，2001，第20—21页。

和短版，操作方式如图3-3所示。长版之间的距离便是墙之厚度，实土其中而后杵之。此时，人力约束绳索，用力不能太大，适度以求扎实。缩引太过，筑墙版可能发生翘曲，泥土在此模具中不能坚实，影响筑造墙体的坚固程度；用力亦不可太松，否则筑土松散而不坚。对于如何把握绳索"缩引"的度，古代营造匠人依据长期摸索的经验，总结出土坯墙制作的工艺标准并传承后世。

《诗经·大雅·绵》一文曾生动地描述匠人们筑墙时的情景："其绳则直，缩版以载，作庙翼翼。捄之陾陾，度之薨薨，筑之登登，削屡冯冯。百堵皆兴，鼛鼓弗胜。"[1]周文王时百姓筑造房屋非常勤勉，掘土和之填实于虆（即一种人力运送土料的笼），送至墙上缩版压实，用力者"登登然"，筑墙声"薨薨然"。如图3-3所示，工匠们在筑墙上下打锻，削隆土实现墙体的坚固。目前在山东古村落遗存中，我们或许还可以见到这类土坯墙或夯土结构的传统民居，尽管其形式与功能不如砖石墙体耐用，但它依然具有研究价值。

三、制砖的工艺法则

春秋战国时代，诸侯王逐渐加强地方政权，建立起以邑国为核心的军事集团进行斗争，而此时的手工业技术却得到大力发展，使建筑营造水平得到提升。贵族豪强大兴土木营建宫室和墓室，砖作技术便产生于此。彼时，空心砖的长度约为一米，宽约三四十厘米，抹泥灰砌筑垒造巨大的墓室结构。尽管秦汉时代有阿房宫、骊山陵、长乐未央宫等大型建筑使用砖作，但是民居营造仍然采用古老的夯土墙和土坯砖形式。我国古代砖石营造技术在战国时期就已经成熟，然而所谓的"秦砖汉壁"却大量施用在墓室结构中，若究其原委，是与古代祭祀文化分不开的。祭祀礼是古人通鬼神敬天地的象征模式，具有很深的哲学与宗教色彩，许多祭祀礼仪在历史的传承与嬗变中逐渐形成了固定模式和人文境遇，成为构建本民族文化底蕴的重要内容。据考古发现和文献记载，在秦汉墓室的营造过程中，空心砖和实心砖被大量使用于

---

① 王先谦撰《诗三家义集疏》，吴格点校，中华书局，1987，第838-840页。

墓室壁墙的垒筑结构，形成坚固持久的"身后避难所"，这是古代宗教信仰的一种表现形式。

明代中叶以后，手工业与工商业迅猛发展，一些知识分子突破传统注经名义的学术范畴，转而探索经世致用的自然科学原理。宋应星所著《天工开物》便是世界上第一部关于农工生产技术的理论总结，展现出17世纪中国科学技术发展的辉煌。我国传统民居多有明清以来的遗留，其特点就是普遍使用砖建设墙壁和院落，如北京四合院、山西锢窑、江南民居等。《天工开物·陶埏》详细记述了有关砖的营造技术，为明代民居建筑的砖作奠定了技术基础。

烧砖源于制陶。陶器是人类"文明可掬"的结晶，既有盛载功能，又有雅器鉴赏的审美意义。在建筑上使用的瓦作便是陶埏制品，我们将在下一章中具体介绍。明代制砖有着严格的工序要求，根据"陶埏"篇的记述，大致分为四个方面：

第一，制砖用土各有千秋，需按照土质特性进行选择。我国地质土色可分为蓝色、白色、红色、黄色，福建、广东等地多产红色泥土，江浙一带土色偏蓝，名曰"善泥"。烧砖择土至关重要：发掘黏土，鉴别土色，以发黏且揉搓不散，干粉无沙者视为上品。

第二，制砖坯型讲究平整严实，工序井然。汲水以滋润黏土，再驱牛践踏，踏为稠泥后填装于模版之中。木模版四边封实，以专门的工具铁线弓厘平泥模表面，形成砖坯。

第三，水火相济，烧制砖坯。成坯砖型入窑烧制，百钧[1]火力昼夜即可。砖窑按烧窑火料可分两种，其一曰柴薪窑，顾名思义，以柴薪为助燃料，因高温受限而砖呈青灰色；其二为煤炭窑，温度较高，砖呈白色。柴薪窑顶之偏侧凿三孔出烟，火足止薪，泥封烟孔，转水汲之。煤炭窑温度较高，亦比柴薪窑深，底层垫苇薪燃火，一层煤饼夹一层砖坯，罗列相继。烧砖用水火相济的"转䢧之法"，秉承上古"陶复陶冗"的营造技术。（图3-4）

———————————
[1] 钧，古代重量单位。《说文》曰："钧，三十斤也。"

图3-4

图摘自明代宋应星著《天工开物》，岳麓书社2002年版。

第四，烧砖火候。烧砖与制陶一般，火候的把握关系到砖质坚硬程度，甚至直接关系到建筑的质量。火力若少，光泽顿失，火力少三成则为"嫩火砖"，松散与泥土无二；火力过高，砖质显裂，过火三成则缩曲易碎。因此，烧窑时须有经验者由窑门窥视其内火候。

第五，砖型要求。根据建筑用途或消费水平，择砖型而砌，官方及大户用"眠砖"，即约一尺五寸长的长方形大砖；民居的建设较为节省，往往通过在"眠砖"之上垒筑"侧砖"来解决高度问题。如此操作，"侧砖"之间形成空隙，需要以黄泥或碎石填补。古老的砌砖法则在如今的传统民居中十分普遍。营造过程中使用的砖型种类较多，如墙砖、地砖、花砖、方墁砖、槢板砖等。

综上所述，我国古代建筑营造技术历史悠久，为世代匠作所传承的定基取平、砌砖夯筑、木构间架等方法保留至今。传统民居的营造法则借鉴了古代经典建筑设计制造的模式，并根据自身特点进行改造，形成了符合地域环境和人文环境的民间建筑营造技术。海草房是我国东部沿海，尤其是山东半岛地区民间渔村的建筑形式，其墙体构造的用材和工艺充分反映了"濒海建舍"的营造思想。

第二节　选址定基

东楮岛属于环海地形，地势东高西低，中心位置的土质优良，既适合农耕又可用于营建。早期定居在此的村民考虑到海洋性气候和季风的影响，经过充分勘察地形地貌，选择了岛屿东南角作为居住中心。在传统民居建筑的营造过程中，房屋建舍坐北朝南，利于采光和取暖。东楮岛东南部地势较高，不会受潮汐侵袭，而且其土壤结构与内陆相似，比较适宜奠基建房。随着居民人口的增加，住户对建筑面积的需求逐渐扩大，岛屿东北和西南空间成为主要选址目标。然而，不论是早期的海草房住宅群，还是后期建设的瓦房，东楮岛的建筑皆遵循着坐北朝南的选址原则。显然，这是受特殊地理环境的影响，而且与民间传统的起居理念有关（图3-5）。

图3-5

　　按照本地传统营建制度，东楮岛村宅院和海草房建筑设计必须以南北轴线为基准，略偏向东南。

一、选址定基线

关于海草房如何选址定基，东楮岛村的居民有各种说法。王咸忠老人认为主要采用"子山午向"的选址原则，而毕家模老人认为是"坐北朝东南方向"，与官宅或庙宇的"正南正北"不同。根据测绘得出的数据表明，以岛中心为居住密集区的建筑朝向皆有偏差，或朝东南或朝西南。这类现象与建房之初的总体规划有关。有些村民认为，房屋的选址和朝向应该请专业人士来择定，比如建房之初请来的"掌尺的"。所谓"掌尺的"就是指建造房屋的负责人，如同现代建筑施工队队长的职责一样，其工作主要包括勘察地形、购买原料、组织施工设计和协调工种工序等。毕家模老人清楚记得，东楮岛村建房子常请东山镇地区"掌尺的"老师傅。20世纪60年代，荣成县东山镇小夏家村的董久春曾为"掌尺的"，领导着30多人的施工队，在荣成各村从事建筑活计。在董久春组织的队伍里，瓦子（土语，即瓦匠）居多，木子与苫子相对人数较少。后期东楮岛村的海草房基本上由董久春负责建设和修缮。在调研过程中亦发现，东楮岛的海草房民居建筑都是由其他村落的工匠进行营造的，本村居民大多从事渔业和种植业，石匠、瓦匠、木匠和苫匠要到附近一些村子去请。

1. 堪舆与方位

我国传统民居的选址定位往往由所谓"风水先生"来操作，民间认为家居风水的好坏关系到住户前世今生之命运。其实，所谓的"风水"就是建筑环境勘察的早期雏形，我国古代有一门更加系统的建筑环境勘测技术——堪舆学。堪舆学经常被解读为"风水"，然而这门技术却是古代匠作用以勘察地形、经营位置、村落选址、房屋门舍朝向以及丧葬坟墓营建的主要依据。譬如，住宅的位置经营通常关系到天、地、山、泽、日、月、星等自然环境因素，堪舆就是综合考虑这些因素的和谐一致，形成符合人类生存和发展的起居体系。

古代营造匠作常利用堪舆方式建造房屋，比如《考工记》中的"匠人营国"、《营造法式》和《鲁班经》等。民间将这些认识潜移默化至居住体系中，形成营造民居的工艺思想基础，试图通过堪舆方式获得功能美与形式美的统一。据"掌尺的"董久春回忆，建造海草房之前，他都要观察一下地形水势，并按照老辈的规矩为东家指出房屋位置、建筑朝向、门开哪方、道路规划、给水排水建设等构想。他不认为堪舆内容就是迷信，指出恰是这些所谓"阴阳"或"术数"的原则可以为住户带来实际的生活美感。当然，将建筑的物质属性存在牵强附会于"人生命运之说"是不可信的，我们应该积极地看待堪舆学对地形地貌的分析和建筑环境相统一的内容。

董久春说，早年荣成地区民间将选址看地的整个过程称作"看宅相"。所谓"宅相"的有利因素应该包括以下几点：首先住宅要靠近主要交通道路，方便出行；其次，宅院四周环境干净整洁，无杂乱物件阻碍；再者，建筑前后院落设置清新自然，流动空间顺畅合理，这便是所谓"好宅地"了。有些环境因素不利于起居，譬如院后门墙冲着大道对住户不利，道路直冲着前院大门也不好；住宅的后院有井对住户也不利，而前院有井就好，即"一碗财"的格局。此外，某些特殊环境的"宅相"需要按照实际情况对待，东楮岛就是一个典型例子。东楮岛村建房选址需要注意，其村落环境四面环海，早年村民又都是打鱼为生，耕地较少。岛上周缘皆为沙滩，道路难以像内陆村落那样纵横交错。此外，有些建设区域属于填海造田或沙地改造而成。譬如，20世纪30年代之前，村民将西北部称作"崖子湾"，将西南部称作"小西滩儿"，彼时都属于海底沙质地貌。60年前村里开始改造"小西滩儿"，抬高了地平，建设了一批海草房。因此，如何处理海岛环境的"宅相"，则需要专业人士使用专业工具来操作。居住在"小西滩儿"的毕家模回忆说，那个时候建房子就靠罗盘辨识方位，其原理同渔民出海使用的罗经相似。

2. 罗盘定向与选择方位

"掌尺的"首先要确定建筑的方位和朝向，再安排人员定水平、挖基础，还得负责与东家进行交流和沟通。从现代建筑意义的角度看，建筑负责人必须具备较多环境科学的理论知识和实践经验。"罗盘"[①]用来确定宅子的

---

① 罗盘是堪舆地形地貌过程中使用的重要工具，其功能在于确定建筑环境的方向和位置。罗盘又称"罗经"，据古代文献记载，创自上古"黄帝时代"，经后人改进，融合易理及天文学等内容，加以修正和改良。

朝向与位势，传统罗盘也叫"罗经""罗庚""罗经盘"等。按照东家的要求在堪舆地形地貌时，可利用罗盘测定方位和山体水流的趋势。罗盘方中设圆的形态象征天圆地方，中心位置有指南针，可以围绕其内圆通盘转动，并以刻度标明"二十四山"方位，次序排列有"壬子癸、丑艮寅、甲卯乙"等。

选址时，按照罗盘中心指针的指示，先定出正南正北方向，即罗盘上子向和午向的点（图3-6）。不过，老辈规矩要求一般人家建房子必须偏半个格，也就是比"子午向"偏东南半个格，确立出建筑的南北坐向。罗盘上的"子、丑、寅、卯、辰、巳、午、未、申、酉、戌、亥"都是时辰，古人将一天分为十二个时辰，以传统地支十二个符号称谓，子时相当于现今晚上十一点至次日一点的时间。因此，建房的时候都是按照偏东南"十一点半"这个方位定址，而所

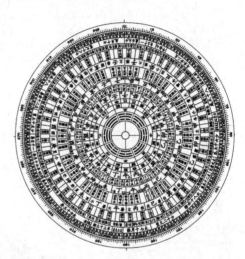

图3-6

罗盘是古代建筑选址的重要工具。传统民居建房时先定"子午向"，再偏移半个格，即东南朝向，这是建房之初的选址原则。

谓的"子午向"是十二点的正南正北方向。传统营造观念认为，正南正北的"子午向"是修庙的选址规矩，民居建房需要襄辟半个点的差距，以轴线偏向东南方为基准。按照罗盘上的指示，老辈"掌尺的"讲究以"八卦"理论营造宅址，譬如东南门是巽门，西南是坤向，再往西不好开门，东南门、正阳门都较为适用。罗盘主要是找方向，靠它就能定好位置。东楮岛海草房朝向的定位有便利之处，因其建筑以接山结构为主，只需按照前面所建房屋进行南北定向即可，不需要再用罗盘寻位了。

按照传统的建筑方位原则，东楮岛村建造海草房必须偏东南方向，而所谓"正南正北向"或"子山午向"都是建造庙宇的规矩。岛上早期的海神庙选址便完全遵循"子午向"轴线（图3-7），老辈人还记得那时的庙堂采用三间七架结构，供奉"四海龙王"和"天后圣母"，谷雨时节人们到庙内烧香

拜祭海神娘娘。那个年月的祭祀活动比较简单，锣鼓打着，荤猪荤羊供着，拜祭完了，渔民分着吃。据董久春介绍，东楮岛地理特点比较明显，除西面有大道通向内陆外，其他方向均毗邻大海，建房子需以罗盘定准院落南北朝向，再确定院落的东南方向大门。

图3-7

海神庙为20世纪90年代在旧址上重建，庙堂基本遵循了"子山午向"原则。

此外，东楮岛村民间风俗皆以"东为大"作为海草房的营造理念。譬如，渔民们世代遵循院落大门应该建在东南方向的原则。"掌尺的"向东家解释，这种建筑朝向利于住家的运势，而且应尽量避免在西南方向开门，西南方向应设厕所和排水系统。毕家模也认为"东面为大，西面为小"的营造观念对于海草房十分重要，大门是院落空间的主要出入口且位置重要，应在东南方向设大门；西面是厕所，厕所放在较为隐蔽的地方，利于疏通戾气。东楮岛村有住家养猪，其猪圈也放在西面（详见第二章内容）。王咸忠老人认为建造方位应该遵守传统的阴阳观念：东南象征上午的时间，阳始；西南象征下午的时间，阴始；大门是人来人往的地方，属于阳位，而厕所属于隐蔽的阴位。董久春依据在建筑实践中遇到的环境问题来阐释：在院里朝北设计过道，应在西北方向，东北方向不能出现过道。其原因在于东南门不能直接朝向通道，绕走西北过道比较好。由此可见，上述定位原则和方向位置都需要"掌尺的"用罗盘来勘定，存在较多建筑堪舆学的内容。

3. 画样定水平基线

根据前节所述古代的营造方式，相地勘位需要综合地理、环境、气候、植被、社会和文化背景等内容进行考虑。然而，东楮岛地形简单，建设用地的空间限制较多，原则上只能根据前辈老屋为基准而建新舍。"摆地基"是当地匠作的俗语，具体是指地基的画样和画线，这是挖地基操作的重要前提条件。"掌尺的"吩咐小工在"基础"（地基）四个角砸下木橛子，拉上棉线或麻绳扯出线来，圈定基坑尺度和位置，这道工序称作"放线"。"掌尺的"负责在所预建院落东西和南北位置定出两条中线，将罗盘搁在两条直线的交点上，按照罗盘指针的方向准确定出正房、厢房和倒房子的方位。传统匠作程序是先定正房再定厢房，以前没有先进的丈量工具，只能依靠步测和画线的方式。《考工记》曾记载了有关"步测"的技术渊源，如"室中度以几，堂上度以筵，宫中度以寻，野度以步，涂度以轨"[①]的原则。有关文献说明我国周代就出现了"物宜为数"[②]的度量方式，即以宜为之物"堂室几筵""宫内以臂""野处为步"和"涂道度轨"[③]等作为测量建筑空间或环境空间的模数。以"步伐"之模数测量野外所用的尺度更是源于夏代，其一步两脚之间的距离约为五尺或八尺（旧制），作为单位模数可测算出较长的距离。由此可见，民间匠作使用的营

---

① 孙诒让撰《周礼正义》，王文锦、陈玉霞点校，中华书局，1987，第3464页。

② 黄永健、薛坤：《试析明堂礼制建筑中的家具与空间》，《家具与室内装饰》2010年第11期，第28-29页。

③ 汉代郑玄指出周代盛行"因物宜为之数"的概念，如寝室面积以凭几家具的尺度为单位模数进行测量，明堂、宫内、野外和道路测量则分别使用筵席、手臂、步伐和车轨为模数。相关内容可参阅唐代贾公彦的《考工记》注疏，以及注释②文中的论述。

造测绘方式基本传承了古代制度，确定地基面积必须以"步"为单位模数来进行，并按照经验在预建墙角拐点处立木橛拉白线。待线橛全部划定完毕，施工就有了依据和范围，而挖掘地基的工作可指派给小工。

基坑处理直接关系到墙础尺度标准和墙根表面的平直度，更是决定所建成的墙体是否垂直于地面的关键。为此，瓦匠常利用拐尺对墙角和隔断墙结合部位进行直角处理。此外，据董久春回忆，本地区老匠人曾使用一种叫作"狗不理"（音）的尺子测量室内面积，上面有三尺、四尺、五尺的度量单位，其丈量刻度比一般木工使用的拐尺要大，可以算出较为准确的数据。测量地基的面积也使用"五尺杆子"和"拐尺"，拐尺主要用作衡量墙根的直角角度，"五尺杆子"可以测量出墙基的长度。董久春所谓的"狗不理"同"五尺杆子"差不多，丈量的跨度较大。二者表面均设有刻度格子，按照传统度量标准，一寸一格，一尺处用斜线或花线特别标出，有些像做衣服用的尺子，没有任何字码和符号。"五尺杆子"大约有五尺长，扁圆方木，4厘米宽，2.5厘米厚，一般用红松制作，木质不易变形。这两种尺子不属于木工尺，为瓦匠专用，老瓦匠常在尺子端头凿个锤榫，安上锤头用，并丈量地基的长度。在缺少先进测绘工具的年代，很难为建筑度量工作规定一个标准，民间匠作常常依据自己的经验创造出简便合理的工具。除揳入木橛拉白线之外，老辈的瓦匠会随手竖立一根扁担作为标杆，将其插入地里，再以白色棉线系上，形成两点一线的"标尺"。

地基处理需要定水平准线。早期没有现代的水平仪和水平管，地基完全用木橛和棉线测量出来。放线之后，将长度合适的扁担或者竹竿插在基坑平面的中心点，标杆上系棉线，棉线另一端缠绕在小石块上，自然垂下，分别从地基四角和四边中心拉出线，等距离衡量线的长度，可以确定出水平标准，这个过程老辈叫"挑担"或"橛线"。后期出现了用塑料管子灌水看水平的方法，民间匠人常将水灌入塑料管，反复摇晃至管内没有气泡，或双手举起管子，或在扁担（标杆）上测定水平。此类方法的原理出于《考工记》和《营造法式》，以管内水平标准来寻找两根标杆之间的水平线。

二、基坑土质与摆地基

荣成地区的老一辈瓦子将修建地基称作"摔地基"，也有方言俗语称为"摆地基"的。董久春是"瓦子头"（掌尺的，即建筑队队长），他们那一代匠作没有"地基"的名称，地基通常称作"基础"。老辈建筑房屋的工具落后，人力也不够，只能挖出较浅的"基槽"，即基坑。东楮岛地质多含沙砾，而且杂质较多，基坑深度一般约为50厘米至70厘米。东楮岛村东部地质与内陆相似，具有泥浆和沙砾的混合形态；西部地质偏硬，基本以沙质地貌为主。因此，村里传统海草房建筑的地基深度根据营建位置可大体分为两种：其一，岛屿东南部需挖二尺多深的基坑；其二，岛屿北部和西部需挖一尺多深的基坑。总体来说，东楮岛村海草房营建基坑最深的不会超过70厘米，而最浅的不会低于35厘米。此外，东楮岛北部的地质多黄浆或熟土，非常适合耕作，村民种植了大量的卷心菜、菠菜、玉米、韭菜、芋头等作物。黄浆不利于地基铺设，也无法巩固受力基面的硬度，因此北部地区的建筑地基需挖得浅，最多挖一尺深，可避免黄浆上溢。东楮岛南部的建筑地基深，地下黄浆多在地面以下二尺多深。董久春说，挖地基的过程中需要换土，将早期发

图3-8

毕家模所描述的"小西滩儿"包括楮岛小学建筑在内的住宅群。此处在60年前还是一片荒地，现已新建多座海草房。

掘出地面且已风干硬化的土重新填入基坑，或者掺入基坑底部的土层，使其硬度增加，避免黄浆上溢而致使沉重的石质墙体下沉。在施工时，瓦匠可将先期堆在基坑外的土换入基坑底部，为增强土壤硬度和干燥程度，必要时掺入沙子。此时的土色发生改变，硬度加强，可以作为找平地基表面的土质使用。挖地基使用的工具多为镢头、刨子等。东楮岛村有些区域具有沿海沙土质地，譬如毕家模提到的"小西滩儿"（图3-8）。据说，东楮岛西部靠近大道的建筑地基挖得最浅，主要原因在于村落西部多为沙滩，同泥土地相比，沙地更加坚实，没有必要费时费力挖出较深的基坑。

东楮岛海草房的基础平面必须打夯，主要原因有两个：其一，东楮岛中心位置的地质较软，厚重的石料墙体容易下沉；其二，东楮岛地下含有大量海洋生物有机成分，如贝壳、植被、藻类等，年久之后容易导致泥质软化腐朽，不利于地基的牢固性。老辈瓦匠们的打夯工具比较落后，叫作木杵。其造型像个大木槌，用较好的柞木制作，质地坚硬且非常沉。杵边设有两个把手，分别由两人抬着，同时上举，用劲砸下去，夯实地基表面的土质，后期亦有用石头代替木杵的打夯，夯平基坑并在其表面墁泥。现代建筑的地基表面都使用水泥或者灰质进行涂刷，早年没有这些材料，只能用黄泥垫土加墁泥。东楮岛村的西南部为沙质土地，可做1米多深的"基础"，就地取材，用沙子铺一下基槽，结实又稳定，避免下沉。基础处理干净后，开始垒墙根石，顺着基槽周边一层一层地砌筑（图3-9）。

图3-9
墙根由薄石块砌筑而成，上承斗子石，下覆地基石，是海草房墙体结构重要的石作基础。

三、动土摆地基前的匠作风俗与仪式

据董久春回忆，动土摆地基是建房的基础工作，亦是关系到东家今后能否安居乐业的大事，其重要性仅次于"上梁"。早期修建房屋时，为了表示对土地的尊敬以及对工程顺利的美好祝愿，匠作和东家都需要按照规矩进行一个简单仪式。例如，若东家明天清早开始动土摆地基，则今夜11点30分到12点钟要煮饺子吃或留出晚饭的饺子汤，以大瓷碗盛了满满的饺子汤，轻轻挥洒在已勘定的地基表面，并围绕即将开工的土地周遭洒一圈。清早起来要先发纸（烧黄表），烧纸之后工人们便开始挖土。胶东人称饺子为"馉子"或"馉馇"，逢年过上供用或作为年夜大餐。按照民间朴素的阴阳论，"天为阳，地为阴"，破土动工是于"阴阳间"而"树人事"，必须要供奉一番，以示对土地的敬畏。"馉子"常在除夕之夜食用，象征着"阴阳之交"，又常在"祭灶""祭祖"和"祭天老爷"等风俗中扮演主要享食，因此以"馉子"汤水作为动工的奉祭能够表达出工匠的民间信仰。

传统海草房建筑的挖地基工作一般需要6至7人，"掌尺的"负责尺度标准和工程质量，有经验的瓦工带小工们按照划定的线进行挖掘和定平。挖地基这天是动工的第一天，中午东家必须请匠人们喝酒，并嘱咐大家努力工作，尽量为东家省几个工。由于工匠一般来自外村，为节省时间，工程期间的午饭都由东家操办，早晚餐则由工匠自己负责，只为修建期内顺利完工。

第三节　炸海岩砌石料

中国传统民居石作营造工艺历史悠久，分布较为广泛，如西南地区的少数民族建筑、中原地区的石屋等。东楮岛村海草房石作用材具有显著的沿海地区特征，毗邻桑沟湾海域的大量海岩被开发使用，成为仅次于海草材质的建筑原料。东楮岛村的老人们说，以前岛上资源极度匮乏，除了楮树一无所有，但

"楮树不成材"无法用于营建，引进其他木材成本又高。于是，海岩和海草便成为居民"就地取材"的目标。20世纪40年代之前，"炸海岩，拉石料"的自发行为不受任何限制，家家户户都可以去海边随意采石头。有些富户从外村雇来石匠，请他们修整炸碎的海岩，并按照建筑用材的规格处理成墙体石料。贫穷人家请不起匠人，只好请村里的老人作为监工，一家大小齐上阵，用简陋的斧凿钉锤修整破碎的石料，这种现象一直持续到20世纪70年代。由于海岩被大量开采，加之填海造田工程的扩展，如今的桑沟湾已经很难见到海岩了。

一、东楮岛村海草房建筑石料的来源

选择海岩作为石料进行墙体营造还有另外一个原因：东楮岛周围没有山体，更无可开采之山石。离东楮岛最近的是东山镇崮山，其出产的石料相当丰富。从20世纪70年代开始，具备交通便利和机械化开采两个优越条件的崮山，已成为东山镇周边地区主要的采石厂。虽然东楮岛村个别海草房选用了崮山的石料，但是因为其运输成本较高，应用普及率不高。村民毕家模40岁时由东楮岛东南部搬迁至西部，当时他选择了部分崮山的石料，结合少量海岩进行垒作。据他回忆，崮山北面是海，崮山脚下八河姚家村有码头，石料可以通过船运输至东楮岛。然而由于运输成本太高，大多数村民只得将老房子拆迁下来的海岩结合崮山石料拼凑起一座"新房"。

1. 东楮岛周边近海区域的海岩开采

东楮岛具备环礁岛屿的地形地质，海岩的产量较为丰富，50多年前村民们可以任意开采。那时候家家用土雷和土雷管去炸礁石，一家老小都去收集炸开的岩石。待落潮之时，以木制推车装运石块回来备用，或者摆个摊卖掉。据说半个世纪之前的东楮岛盛产海岩石料，因为缺少先进的切割工具，一堆石块大小不一，所以不论单价和方数，谈好价格就可以整堆售卖。石料备齐后，石匠们对其中形态不规则者进行分类，按民间所说的"破烂儿""斜面的"和"宽窄合适"三个档次归类。所谓"破烂儿"就是指不成比例没有棱角的碎石头，它们无法整齐地进行纵横组砌，只能成堆作为垫石使用，垫到基坑或墙面斗子石空隙里，再用黄泥砌成整块；所谓"斜面的"指那些表

图3-10

　　位于东楮岛东南角的老宅院已有三百年历史，其院墙和房屋石料墙体采用不同的组砌方式，体现了早期定居岛上居民的营造观念。

面较为完整，只是缺少一条边或一处角棱的石块，可作为墙面斗子石以上的组砌石料；所谓"宽窄合适"是指那些尺度较大、体面平滑、边棱清晰的石料，经打磨和修整后，选择其中15～20厘米厚的可作为墙根石或房檐石，四四方方较大较厚的可作为斗子石。东楮岛东南角的宅院有300多年历史，都是早期居民营建的海草房，墙体由乱石砌筑，斗子石和墙根用料好，上面墙体都用"破烂的"碎石头（图3-10）。年轻时的董久春跟随师父做瓦工，他提到师父手下曾经有位经验丰富的老石匠，他能够迅速从一堆乱石中选择出适合建房的海岩，并且仅用大锤、小锤和凿子就可以"轧"开料石。明清时期海岩石料的开采极少用土雷炸，皆以人工凿出碎石，再搬运至施工现场。彼时，石匠们能够分辨出石料的尺度、坚硬度和出料多少，还可以看出石头表面的"绺"。民间石作所谓的"绺"，是指各类岩石表面形成的裂痕，与表面纹理纹路不同，裂绺延伸至石料内部，甚至贯穿整个石料。有经验的老石匠可以通过表面色差寻找出适合开凿的"绺"，如"顺绺""台绺"等，仅需用锤子敲击"绺"缘上的凿子，整块石料就会沿着垂直或水平的"绺"开裂，形成完整平滑的截面石料。"顺绺"是指相对垂直于石料底面的"绺"；

"台绺"是指相对平行于石料大边的"绺";还有一些倾斜或不规则的"绺"被称为"岔绺",若是在其上开凿,所出石料往往参差不齐,成为废料。当然,仅凭双手锤凿,很难制出像机器切割的平整石料,碎石、乱石和茬棱避免不了。然而,就算是碎石头也不能浪费了,老石匠用锤子一点一点修整,找出个形态来砌上。早期东楮岛上都是捕鱼的渔民,没有富户,房子也很简陋。后来家族里有几个小财主,拿出钱来修葺住宅,譬如北街家族的房子石头都很整齐,甚至用上了南方海运来的青石和南砖。

图3-11

海岩石料的组砌讲究错落有致,然而,与其说营建之初匠人追求自然淳朴之美,不如认为是早期切割工具和人力不及所致。老瓦匠董久春说,祖辈营建海草房的墙体绝不能浪费材料,想尽一切办法将所有海岩石料都用上。

图3-12

这座海草房的墙体采用"青石"垒作,据村民们讲,青石来自东山镇的崮山,也有人认为是从南方海运而来的。

2.崮山石料的开采与其他地域石料的引进

通过调研获知，目前东楮岛各个时期营建海草房的石材基本有三种：其一为本村濒海区域的海岩石；其二为从东山镇崮山开采的山石，本地俗称为"青石"，质地比海岩坚硬，表面颜色青灰；其三为外省海运而来的石料。东楮岛大约在40多年前就有人家开始购买崮山石料营建房屋，在此之前石料皆为海岩。村民们用一种比较简便的方法来分辨

图3-13

上了年纪的东楮岛人都知晓，房屋建设年代可以通过墙体石料颜色来分辨。譬如这座宅院墙体完全采用黄色碎石砌筑，至少有二百年历史；而由大块石料和青石营建的海草房都比较晚。

石料：海岩表面发黄，凹凸感较强，肌理丰富，纹路清晰（图3-11）；青石表面呈灰色，有颗粒状肌理，光滑细腻（图3-12）。毕家模老人认为，村里有钱的人家可以购买崮山的青石盖房子，而没钱的人家只有去海边炸海岩。然而，从美观和实用的角度分析，崮山石料或外省石料均不如海岩。崮山岩石多裸露在山体表面，易受阳光暴晒和风雨侵袭，打出来的碎石多，石质松散，影响了垒作墙体的坚硬程度。海岩经海水长期浸泡，具有抗盐碱性、抗腐蚀性和防潮性等优点，而且其表面如河流中的鹅卵石一般润泽剔透，用作墙体拼砌十分美观（图3-13）。

二、垒海石筑墙垣的工艺

海草房建筑的石作特征主要表现在海岩的开采、修整和垒筑样式三个方面。东楮岛村民选择岛屿近海周缘的礁石作为石料的开发点，利用土制雷管进行爆破，并自行选择适宜垒筑墙体的海岩进行营造。然而，我国传统匠作常流行这样一句俗话："三分匠七分主人。"明代的计成将"主人"解释为

"能主之人"①，即设计者。传统海草房建筑的设计者和施工负责人叫作"掌尺的"，其责任是勘察地形、设计样式、购买材料和组织施工，为名副其实的"能主之人"。"掌尺的"皆为匠作出身，尤以瓦匠居多，其主要原因就在于海草房的建设重点是墙体石作。

1. 墙根与墙基的垒作

如果工人较多，这挖地基的活一天就能做完，但是一般人家没有这个财力，只能雇用两三个小工，挖好一座院落的地基需要二至三天时间。基坑底部做找平处理，为墙基石和墙根石奠定好土质基础；然后利用水管等确定水平线，揳上木橛并拉出标线；再将前期挖到基坑外的土壤填入基坑内，为保证基坑底部干燥坚实，亦可适当掺入沙子。

开始铺第一层"墙根"时要格外注意，所选择海石的厚度尽量均匀，控制在15～16厘米厚，主要原因在于地基土质的特殊性。东楮岛东南部老房子的基坑一般有两尺多深，约在60～65厘米之间，墙根石垒作3层或4层比较适宜。有经验的瓦匠对于岛屿地质很有把握，若墙根石垒砌层数多，则墙体重量增加，对地基表面产生巨大的压力，长此以往会压迫基面使黄浆渗出，严重破坏基石基面的水平，还会导致房间内部潮湿；若墙根石垒砌层数较少，尽管重量较轻，但是无法支撑整座海草房庞大的体量，为建筑的稳定性埋下隐患。因此，根据老辈经验，东楮岛村传统海草房的地基铺设需要根据基坑土质进行，这是很有道理的。墙根石的长度和宽度可以随意挑选，尽量选择比较整齐且棱角清晰的石料即可。铺设要紧贴着基坑边缘周遭的位置，瓦匠及时找平石料间距和对茬拼缝，并在石料层间涂抹黄泥，保障每层间石作的坚固性。铺设最后一层墙基时务必使石料露出地面5厘米左右，为后面铺设斗子石和墙体石料打牢基础。董久春介绍，墙根是整座海草房的基础，需选择质地坚硬且表面细腻的海岩进行垒作（图3-14），那些体积硕大而表面纹路较多的石料切不可用。原因在于，墙根直接与土地接触，容易受潮，石料开裂往往都是从纹路处开始的，必须防止这些缺陷破坏墙基的稳固性。

① 陈植注释《园冶注释》，中国建筑工业出版社，1988，第47-48页。

图3-14

"墙根"位于建筑基坑之内，以二至三层的薄石料组砌而成，为墙体的基础。"墙根"露出地面5厘米左右，上承斗子石，是整座海草房建筑的基础。

2. 斗子石的排列和安装

墙根裸露出地面仅5～10厘米，其周遭必须修平，以供承载墙体的各个部位。海草房的墙体石作结构由多个部分组成，如"槛墙""下碱""上身""山尖""房檐石""门枕""过门石"等。这些匠作术语实为我国古代建筑瓦石营造的专用名词，而地方民间匠作常常将其表述为通俗易懂的称谓。比如在墙根之上的"斗子石"，它的垒作方式和形态结构就非常符合民间赋予的匠作称谓。

（1）关于"斗子石"的民间称谓

中国古代建筑砖作或石作墙体营造术语里有"空斗"[①]一词，这个技术术语描述了大砖垒作时的组合方式和排列顺序。从石作营建角度分析，"斗"字包括承载和容量的内涵。古文中"斗"是盛器的意思，后引申为计量单位，即所谓"十升为一斗"；"斗"又是传统民间生活所用的容器，口小底廓，可作盛米盛面的器皿，即所谓"十斗为斛"的原理。"空斗"的砖作形式类似

[①] "空斗"常出现在地方建筑营造中，将砖摆放为中空形式，使墙体加厚。可参阅刘大可编著《中国古建筑瓦石营法》，中国建筑工业出版社，1993，第58-59页。

图3-15

所谓"斗子石"，主要是指墙根之上、槛墙下部位置的整齐石料组砌，
图中墙面之下尺度较大、形态方正的一层石料便是"斗子石"。

"斗"之器形，兼有承载与容纳之义，是地方民间建筑匠作的专用术语。东
楮岛海草房墙体"斗子石"的意义或取之于此。

"斗子石"位于墙根之上、墙面之下，为整齐排列的一层石料，其间缝
约为5毫米，长度与宽度各有所异，但高度均等（图3-15）。"掌尺的"董久春
说，这"斗子石"对于海草房非常重要，在墙体结构和重力传载方面具有承上
启下的作用。因此，"斗子石"的民间称谓表明了其石作结构的重要性质。

（2）"斗子石"的垒作方式

"斗子石"的垒作方式如砖作"空斗"形式一样，底部边缘与"墙根"
内侧齐平，留出墙根外侧5~7厘米的台面；石料均垂直排列，竖面石质细腻光
滑，排列之厚度均匀，以有力承载"上身"和"槛墙"的石料。有些海草房
在使用"斗子石"时较为随意，只是限制其厚度和高度，在宽面上不囿于尺
度的一致性（图3-16），形成特殊的石面肌理效果，更加具有民居的多样化
艺术风格特色。

从海草房的横截剖面分析，"斗子石"断面垒作一般为两层，总体厚度
可达50~80厘米。"斗子石"的厚度一般为15~18厘米，按照"空斗"样式垒

图3-16
斗子石的形态不一，但组砌必须整齐。

作，摆放中间距离达到30厘米左右。为保证墙体的厚重，可填入黄泥和碎石料，如此亦可实现保暖御寒的作用。"斗子石"的排列组合原则较其他位置石作操作更加严谨，须以"同向同位"的石料进行摆放，避免出现石料反转和错缝现象。

（3）"斗子石"在海草房石作结构中的作用

"斗子石"的承上启下作用主要表现在两个方面：其一，承接墙体上身、山尖、房檐石和庞大的屋面木作苫作结构；其二，它是海草房墙体与地基作用力相继的结构体，所谓的"墙根石"与"斗子石"息息相关，成为地基稳固性的主要保障。我国古建筑石作营造将"槛墙"和"下碱"之上的砖石墙体称作"上身"，其位于墙体中心，是出檐和挑檐的重要支撑结构。"上身"的重量全部压在"斗子石"上，而且墙面本体的平整美观也需要"斗子石"作为垂范。在以东楮岛村为典型的荣成海草房建筑石作中，只有"斗子石"的砌作最为细致和规整，其他部位的石料垒筑皆可灵活运作，或长或短，或厚或薄，适宜即可（图3-17）。若"斗子石"排列砌筑参差不齐，既会影响整个墙面的平整度和稳固性，亦会破坏地基础石的承载作用，引起房屋倒塌或

图3-17
这是中街王氏家族的宅院，作为岛上原来富有的大户人家，
其墙面石作自然、细致、整齐。

墙面石作脱落。因此，"掌尺的"和瓦匠们特别注意对"斗子石"材料的选择和工艺标准的严格规范，其缘由就在于结构位置之重要。

（4）民间匠作对"斗子石"的重视

据毕家模回忆，东楮岛东南部几户人家的海草房整修所用的"斗子石"便是委托董久春购买的。作为"掌尺的"，董久春非常认真地为东家挑选购买石料。这项工作必须做到心中有数，若作为基础的"斗子石"出问题，则直接影响建筑的坚固性和耐久性。在施工前，所建海草房石作的尺度和面积都应计算准确，大批石料可去集市购买。在董久春施工的年代里，生产队有专门负责开采和修整"斗子石"的石匠，石料买卖必须通过生产队集体部门准许。建筑石料通常以"方"作为单位，一方"斗子石"约长70厘米，宽34～35厘米，厚15～23厘米。碎石可由东家自己去海边拾取，但是整块的"斗子石"唯有去专门机构购买。

董久春选择的"斗子石"廓形清晰，敦实厚重，棱角分明，表面没有明显裂痕和侵蚀现象。此外，瓦工经常使用小木槌敲打石料表面，以防止有中空的石料混入其内。据说，"斗子石"体积比其他石料要大，质量要好，自然这价格比普通石料高不少。选好材料放置在建房工地空旷处，有经验的瓦匠会先用水淋一遍石料，防止凹陷处存留泥土，并顺手清洁一下表面。施工时将"斗子石"在墙根之上一字排开，高度均保持一致，要经常用水平管检验其砌面的平整情况。

3.传统海草房墙面石料的排列组砌

以一座四开间海草房单元为例，"斗子石"铺设空间周长等于四面山墙的周长总和。由于海草房石作墙体厚重，基本不需要木柱结构，房间间隔可用木作"壁子"隔断或夯土墙来实现。墙面"上身"是指"斗子石"以上至房檐石以下的部位，这一面积较大的墙体结构一般使用较薄的海岩石料，瓦匠师傅们在东家提供的海岩碎料中进行选择。作为墙体承重的结构，其石料必须符合三个标准：石质坚硬不散，体积适中而尖锐较少，表面较少腐蚀黑面。除此之外，海石的选择较为宽松，瓦匠根据多年经验对石料进行修整和垒筑，利用工艺实现墙体的坚固耐用和防风御寒作用。

（1）海草房墙面石作的"丁"与"斗"

图3-18

东楮岛较为古老的海草房尽管经历了多次维修，但是其墙面石作的效果依然保持着古韵。

　　早期海草房墙面以筑石为主，随着砖作在民间普遍流行，晚期建设的海草房便出现砖石结合的形式。传统海草房墙面石料排列组砌比较随意，讲究自然排列和疏密有致。东楮岛东南部现存一座古老的海草房，其院落和建筑墙面石作采用碎石砌成。从二维平面角度分析其形态，仿佛是一幅具有自然肌理的装饰画，其工艺之美得益于营造者的匠心独运（图3-18）。随着技术的发展，匠作逐渐规范了石料的排列形式。"掌尺的"董久春提及，荣成民间瓦石匠作里有所谓"三斗一丁"的制度，即石料较长的一面为"斗"，较短的一面为"丁"。石匠在排列组砌石料构造墙体时，特意按照一定的长短规律砌筑，如三"斗"石料并排再加一"丁"石料，以"三斗一丁"的单元模数不断重复组合，形成具有自然美感的墙面肌理形态。

　　中国古建筑砖石营法有专门的技术词汇描述这类匠作手法，称之为"三顺一丁"，即砖之长身为顺，砖之短身为丁，二者按照三长身一短身进行排列组砌构筑墙面。"三顺一丁又称'三七缝'。这种形式的墙体拉结性较好，墙面效果也比较完整，因此三顺一丁的应用也十分普遍。"[①]东楮岛村的楮岛小学便是采纳了相应的方法，其上碱部位的海岩石料组砌为三顺一丁，槛石采用一顺一丁砌式，在保持海岩石料完整的基础上使墙体表面达到"顺齐丁头"的艺术效果（图3-19）。

　　墙体垒作主要起到坚固、耐用和防风御寒的实用性功能，选择三件长身和一件短身石料并列组合，可以扩展石料覆盖面积，减少墁泥嵌缝，能够最大程度实现御寒、保暖、挡风雨；三件长身"斗"石料横向构筑墙体，其厚度较为单薄，而在其两端各放一件短身石料，剖面上形成纵横交错的结构形态，这样可以有效地增加墙面厚度和稳定性。董久春说，这种"丁头"石料就像墙钉一样贯穿墙体，起到了拉结内外墙身的作用，保障石块与石块垒作的稳固性。至于为何本地民间将"顺"称作"斗"，可能与"斗子石"的垒作样式有关。长身石料在墙体剖面上显得较为单薄，匠作一般要垒内外两层石墙体，而且每隔三"斗"就垒上一件"丁"料（图3-20），这种形态如同一

---

　　① 刘大可编著《中国古建筑瓦石营法》，中国建筑工业出版社，1993，第60-61页。

图3-19

　　楮岛小学为民国时期的王庚西募捐集资所建，其倒座墙面的砌作采用多种样式组合，石料亦为精心挑选和打造的。

图3-20

较为古老的海草房墙面多数采用"三顺一丁"砌法。

件民间常用的斗具。两层"斗"之间都用黄泥和碎石填充，最终形成厚度在50厘米以上的实墙体。董久春认为，最美观实用的海草房墙面就是所谓"三斗一丁"，这是老辈石作技艺传承下来的营造原则。不过，随着砖料、水泥和各种新型建材的出现，新修建的海草房常常使用"两斗一丁""一斗一丁"等

图3-21

后期海草房建筑的墙面多采用"一斗一丁"样式，这种组砌比较简单实用。

样式。按照传统石作法则，"两斗一丁"是指两块石料之长身与一块石料之短身并列组合砌筑，而"一斗一丁"则是一块石料长身加一块石料短身组合砌筑。目前，东楮岛除东南角具有百年以上历史的海草房外，其他后期建造的海草房均采用这两种砌石墙体样式（图3-21）。同"三斗一丁"相比，上述两种做法简单易行，具有灵活多变的结构形式，可以适应长短不一的各类墙体。然而，"两斗一丁"和"一斗一丁"皆存在墙体拉结性较弱和外观凌乱的缺点。还有一点可以解释为何后期海草房较少采用"三斗一丁"的老做法，那就是海岩石料的逐渐消失促使人们不得不改变传统营造方式。

（2）墙面转角部位的砌筑方式

石墙的排列组砌同砖墙有相似之处，比如利用排列方式解决墙面四个转角处的结构问题。四面墙形成四个墙角边棱，其砌筑方式本地叫"压角"，垒石纵横，上下叠置（图3-22），使其垒作成90度直角。瓦

图3-22

墙面棱角部位的石作需要细心组砌，"压角"以纵横交错的形式体现，充分利用石料的体积，务必整齐结实。

子使用线垂找垂直，利用水管定水平，砌石必须横平竖直。砌筑墙面时，瓦子一手拿着棉线，棉线另一头系着的小石头自然下垂，作为准绳，再依照垒作。一般垒到平顶房檐的高度是七尺四寸，后来也有八尺至九尺高的，1970年前所建海草房都是七尺四寸至七尺五寸高。

图3-23
从内部结构看，转角位置的垒作相互之间搭接在一起，增加牢固性。

墙体的垂直需要以棱角线型为标准，施工时多采用垂范工具来辅助操作。但是，石料表面不如砖料的廓线清晰分明，而且石料自身的坚硬程度难以达到砌筑垂直规范。于是，民间匠作多采用比砖作灵活的排列组砌方式形成墙体转角的结构。不过，石料需经过严密的计算，统筹安排上下左右的排列组合，以"丁头"压"斗身"、"斗身"辅"丁头"的规则进行三个维度的砌作（图3-23）。有的海草房墙体在斗子石之上排列的第一层第一块石料为"斗"，即"斗"起；若第一层第一块石料为"丁"，则称为"丁"起。无论是"斗"起方式，还是"丁"起方式，皆需注意后续石料的排列规则，还需计算好转角垂直向上的排列组砌。这些营造细节对于墙体结构功能的实现，以及墙面肌理效果的美观程度，均起着至关重要的作用。

（3）山尖石料排列组砌尺度的计算法则

若是坐北朝南的海草房，则其东西两个山墙均采用三角形构造山尖部位。同普通的瓦房相比，海草房的屋面倾角大，山尖形态更加接近锐角度，这是我们视觉感观海草房高大的一个原因。山尖的垒作方式与墙体本身一致，也需按"丁""斗"规则排列，但是必须计算好高度的影响。传统匠作没有先进的科学测绘仪器，木尺又很难达到丈量山尖高度的要求。于是，工匠们依靠自己多年营造的经验，创造出合理的计算方式，并付诸实践。

施工之初，"掌尺的"必须准确计算出所建海草房的面阔、开间和墙体高度。从房檐平顶往上计算，梁架结构承托的屋面高度即东西山墙山尖的高度。董久春常利用老辈传下来的营算公式获得上举之三角形高度。公式内容为：先测算所建海草房室内空间的进深长度，或曰一丈（3米多）；再取进深长度的一半，即五尺左右，加七寸，得出山尖高度为五尺七寸（约1米70厘米或1米80厘米）。而整个山墙的高度为七尺二寸（墙根至房檐）+五尺七寸（上举至山尖）=一丈二尺九寸。按照传统的做法，山尖增加的尺度一般为五寸左右，但是有些匠作为了计算方便改为七寸。若是高于这个限度，海草房的南北两面斜坡则太陡，不利于梁架结构的稳定性，更不利于海草苫层和笆板的铺设。

硬山墙面山尖部位呈三角形结构，给瓦匠排列组砌石料带来了难度。首先，山尖越高，墙面石料越要少，这样可以减轻墙面向下的压力，不至于过分压迫地基和"斗子石"；其次，三角形轮廓的山尖很难实现石料"斗"与"丁"的规则性排列，匠作需采用较为灵活的组合方式进行砌筑；再次，山尖还具有承担梁架结构的功能，如"腰杆子"和"八字木"的承力结构（相关内容可参阅第四章），房檐与山尖边缘处的石作必须受力合理。为了满足上述条件，对于海草房东西山墙山尖的石料组砌，规定以下原则：选择较小的海岩石料进行排列组砌，而且根据每座海草房山尖轮廓具体安排，务求造型自然；山尖边缘须留有卯窝，以便插入檩条，石料尽量完整坚固；匠作把握的核心原则是山尖越往上，石料越碎小。当然，早年有些人家为

图3-24
山尖部位石料组砌的形态受到承重结构的影响，多以碎小石料垒筑而上，一方面可减少建筑山墙的压力，另一方面亦可充分利用所有石料。

了追求美观，亦要求瓦子将齐整的石料垒到山尖顶，不必做碎石型砌作（图3-24）。

山墙和平顶房檐处有一层由规整石块组成的边缘，这一层特殊的海岩被称作"房檐石"，为了承担笆板，出檐有二寸左右。作为房檐石的海岩石料大小厚度必须一样，一块一块并列砌在房檐和山墙边缘处，抹上黄泥，晾干后成为拉笆子苫海草的承载结构。

（4）海岩石料垒筑墙面的勾缝技艺

海草房墙面石料的组砌方式多种多样，块石与缝隙纹路呈现出鳞次栉比、浑然天成的艺术效果。在技艺实现过程中，匠人们特别注意石料之间的距离与层次，并利用各种技术手段来满足墙饰功能与形式上的要求。东楮岛村中心广场东南处的井台位置，曾是二百多年前早期居民的聚落中心，这片海草房据说有三百年历史。其中以毕可勇家院落的海草房最为典型，这是毕氏家族自迁来之后始终没有改变的居所。墙面石料组砌布局疏密有致，每个单元块石大小不一，却按照具有节奏感的形式进行有计划的组砌。于是，形成了画面上错落有序、纹理清晰的墙面装饰风格。毕可勇家院落以南就是村内相传最古老的海草房，这所院落的院墙、正房厢房墙面都是采用自然手法进行组砌，赋予观者视觉变动不居的感觉，仿佛未经雕琢而浑然一体（图3-25）。匠作在建造墙体时，一方面要考虑石料间的稳固性和密封性，另一方面要考虑间缝在表面形成的纹路走势，必须要赋予其美感。这便要求营造石作墙面具有较高的技艺处理手法，如石料间距的把握、勾缝技术的施用，以及采用某些特殊方法进行规范。

首先，若将海草房石料墙面处理得坚实而美观，填补块石间缝是最重要的一个环节。由于块石之间用黄泥进行垒砌，产生的缝隙会因每块石料之重量和大小不同，呈现或宽或窄的间缝。为了达到间缝宽度一致的效果，传统匠作采用卡座的方式限定间缝。有60年瓦作经验的董久春曾用这类方式为东楮岛的几座老房子做墙面装饰，他善于选择体面差距较小的石料垒作，将铜钱垫在相邻石块之间。按照东家和"掌尺的"协商，确定出几个铜钱的厚度作为墙石间缝的距离，每枚铜钱的厚度约有3毫米，或三枚或五枚合用不等；

图3-25

毕可勇曾经做过船长，院子里的铁锚和浮球充分说明渔民生活的特色。据
他回忆，这个院子祖上七辈人都曾居住过，墙面效果基本上保持着原状。

垫放铜钱的位置要根据石料大小来确定，较大的石料可垫放两组，较小的用
一组即可；对于上下石料的垒砌，可先将铜钱放在下面一层石料上，叠加石
料后再用黄泥砌实，而对于左右相邻石料的垒砌，需要先用黄泥在一块石料
上固定住每组铜钱，再组砌两块石料。

　　现代建筑大理石和釉面砖贴面技术常使用一种十字卡（Tile Spacers）的
工具。这类产品以国标3毫米为厚度基数，采用十字形态。建筑工人施工时，
将若干十字卡垫在贴面之间，纵横以相同数量为准，每块大理石或釉面砖材
料间缝因此而产生尺度一致的缝隙。现代建筑贴面技术的功能是防止材料因
环境气候改变而产生热胀冷缩，亦可达到饰面美观的效果。传统海草房墙面
石料也存在相似问题，海边气候多变，季风和气流的影响比较强烈，一些石
质和木质原料会因此而产生变形、崩裂、质地松散。均匀细致的间缝能防止
石块之间因变形而磨损，相同厚度的黄泥石灰"嵌缝剂"也可保护石料相间
的边棱直角。当然，尺度相对标准的缝隙会使墙面肌理效果更加明显，为土
黄青灰的色彩搭配划定线域界限。某些瓦工们认为，石料组砌时垫入铜钱的
行为是东家炫耀财富的象征，不过这便省却了施工过程中寻找间缝标准尺度

的繁重任务。由此可见，海草房墙面垒筑时垫入铜钱的操作，尽管说是一种本地建筑风俗，却成为多方受益的举措。使用者遵循起居风俗，祈望墙面间缝内的铜钱有"财源滚滚"的象征含义；制作者为了实现功能与形式的双重裨益，达成石作间缝规矩整齐的审美效果，从而获得工程质量的提高；海草房建筑本身亦更具本土的风俗特征，成为"实用、耐用、美观"营造观念相统一的表征。

　　石料组砌的筑墙手段需要嵌缝施工，民间称之为"墁缝"。海岩石料通过墁黄泥形成拉结性的结合方式，块料缝隙之间具有标准的距离，这个狭小的空间需要用白灰抹平，并且维持墙面表层的二维形式美感。据老一辈瓦匠们回忆，砌墙用的黄泥要掺入麦秸碎料。小工负责在施工现场用铡刀切碎麦秸，将其和入泥浆之中，拌匀后墁到石料缝隙中。如同泥浆拌入草木灰一般，麦秸碎料韧性强，泥浆凝固之后会形成非常坚实的拉结性能，保障石料之间不会断裂，或者出现结构松散的问题。毕家模说，百年以上的老海草房墙面主要是墁泥灰缝，能够满足拉结石料和防风御寒的功能就可以。发展至后来，某些人家选择宁津所地区附近灰窑烧制的生石灰涂抹缝隙，还有比较讲究的房子在白石灰外描绘墨线。这种做法像嵌入铜钱一样，明显带有浓郁的本土民间风俗特征。以楮岛小学的外墙为例，尽管风雨侵蚀了大部分灰缝

效果，但是隐约之中仍能够看出黑色线条与白色线条相间的现象（图3-26）。村民王伯清回忆说，老辈规矩是在建筑表面不能出现白色的痕迹。那个年月，白色仅用于治丧，这是一种民间礼俗的禁忌。因此，墙面处理的一般做法是采用描绘黑线将白石灰掩盖起来。

图3-26
楮岛小学墙面砖作"一顺一丁"式组砌法。

三、伙山结构与墙体制作

置身于东楮岛村中心地带，东西横向排列的北街、中街、南街，与南北交错的西街形成村落布局整齐的规划效果。每一条古街笔直宽敞，矗立两旁的海草房建筑山墙彼此紧紧连接，使村内多年以来没有出现其他街道或者胡同。这类村落布局特征形成的主要原因在于建筑的排列和营造方式，东楮岛村民称海草房山墙连接的方式为"伙山"或"接山"。据毕家模回忆，将北山墙连接成一排，中间建隔断山墙的做法，古已有之。或许早期东楮岛的村民因资源匮乏而两家共用一个山墙，也就是老辈常说的"伙山"。

1. "伙山"的民间语义

关于东楮岛及其周边村落的海草房建筑出现连接山墙的现象，当地民间有两种解释。第一种解释认为，早期的东楮岛人烟稀少，明代中后期为防范海上倭寇的侵扰曾经屯兵于此，待撤屯之后开始有附近内陆迁徙而来的定居者。早期的东楮岛居民以"赶小海"为生，起居完全依赖于大海，大家在出海的日子里形成了"搭伙儿"的习惯，毕竟每个人在凶险的捕鱼过程中需要集体的力量才能存活。久而久之，村里出现了结伙出海和结伙居住的惯例，尽管有宗族和联姻等特殊情况，但是"搭伙儿"的概念在渔民的意识里更加重要。"伙山"有搭伙共用一个山墙的寓意，本地民间似乎也将其视作团结的符号象征，为子孙后代传达着渔民特有的品质，每个人只有相信自己的"伙伴"才能在海上生存下来。从这一层意义上分析，连接山墙或者两家共用一座山墙是渔村生产方式和依海而居精神理念的物质显现。

第二种解释如毕家模所说，早期的东楮岛资源匮乏，除了楮树，几乎没有其他树木可以生长。至于营造建筑所需的石材、木材、工具、泥、水都无从获得，若是通过与外村交易获取石材、木材等原料，成本又太高。"因地制宜"和"就地取材"成为营造屋舍的核心思想。东楮岛居民在海洋中寻找有用之材，礁石、海岩、沙滩沙砾、海草等等都是很好的建筑原料。然而，岛屿环境的资源终究不足，大家必须节俭才可以持续定居下去。于是，东楮岛村海草房在节省建筑原料的前提下进行营造，对于海草、海岩等的使用有所限制。山墙是使用石料最多的结构体，人们发现海岩石料全作的山墙比内陆地区石作或砖作的墙体厚，能够达到50厘米以上。从功能的角度来看，几乎没有必要形成两倍或三倍于砖墙的厚度。为了节省资源，也为了省时省工，两座海草房共用一座山墙非常合理。

　　其实，"伙山"或"接山"在营造技艺方面也有适宜之处，如"掌尺的"董久春所说，这类山墙模式可以减少房屋之间的距离，为苫作海草屋顶带来便利。如前所述，"伙山"的营造特点是处于一排的两座南北朝向的海草房，其东西山墙连接在一起，或者根本就是两家共用东山墙或西山墙（图3-27）。山墙的承力结构必须以高度和厚度作为保障，海岩石料组砌山墙明显厚于砖墙和内陆地区石作，能够承载建筑的侧推力和屋面结构重力。另外，东楮岛的海草房排列方式整齐划一，为苫作手艺施工的展开提供了方便。海草苫作手艺的根本目的是将海草团束苫盖在木结构的屋面上，形成建筑的顶层，其功能如瓦面、水泥面一样，满足防水、阻风、御寒的居住需求。东楮岛早期居民发现，海草作为苫背材料，铺设的面积越大，产生间隙的概率越小，防水效果越好（关于海草苫作工艺可参详第六章论述）。若是建筑布局出现横向连接成排的形式，每两座房屋之间总会出现山墙的间隙，间

图3-27
海草房的"伙山"建筑样式。

111

隙扩展到2～4米便是一个胡同或者一条街。海草苫作屋顶房檐边缘位置最难处理，一排有5～6个山墙间隙的建筑群体，苫作起来十分费事，更不利于房檐边缘处的海草处理。因此，成排建筑体的出现使山墙如同隔断一般，不会彻底将两座相邻的房屋分离，这就非常有利于苫作手艺的展开。老苫匠尹传荣清楚地记得，50年前在东楮岛修苫层时，北街毕氏住宅群纵横齐整，朝南的"倒房子"一字排开，山墙像隔断一样在建筑内部竖立（图3-28）。苫作这种"伙山"的屋面十分简单，只要有充足的海草原料，大面积铺设即可，不用考虑每间屋的房檐以及山墙间出现的间隙。

"伙山"是两家或者整个街面人家共用山墙的形式，这里会出现先建房和后建房在山墙使用上的问题。建房先后的情况有三种：一是本为一个家族，后因分家所致，旧院落需要扩建，新的住宅用户与旧宅用户为同宗同族；二是住房出现买卖和搬迁，先建房者与后建房者没有任何家族关系，这便需要双方进行磋商；三是因生产关系而结成的"伙山"，如20世纪60—70年代，东楮岛村的农业渔业由生产队负责，村里分成了四个生产队，几乎是一条街道就是一个生产队，"伙山"的形式也需要双方商量使用。

图3-28
东楮岛村北街毕可淳住宅群落的"伙山"。

东楮岛村老辈有句俗话："伙养船船漏，伙养驴驴瘦。"按照渔民传统习俗来阐释"伙"字的内涵：两个人搭伙养船打鱼，谁都不想过多地付出，指望对方承担起维修、加油、织渔网等活计，船会在双方推卸责任的拖延下失修毁坏。"你我二人结伙养头驴，我们都不去喂它，总是希望对方能多照顾驴，那这头驴早晚会在推诿中饿死。"董久春的解释生动有趣，也富含生活的哲理性。

2. 伙山墙体结构的功能

东楮岛村北街、中街和南街区域的海草房并排布局，都属于"伙山"建筑，在统一街面尺度的限制下，有些海草房明显比相邻的高，这其中也有"伙山"或"接山"建筑的原因。东楮岛地势东高西低，匠作为了"随形就势"，常常降低西边的房高，宁可比东边的矮六寸，也不可出现"西高东低"的建筑布局。据董久春回忆，老辈匠作建房皆遵循"东为大，西为小"的规矩，其中既有地势环境的因素，也存在营造观念的影响。"伙山"是两家或多家的事情，先建房者已经出钱雇工建好了山墙，后建房者在征得同意后借用之，为了表示谢意或敬意，应该将屋顶脊檩高度设置矮六寸。由此可见，"伙山"建筑也具有传统民间起居礼俗的意义，是民间聚落营建理念的显现。

另外，"伙山"建筑在岛屿环境中具有一些优势。譬如，成排布局的建筑，减少山墙的数量可以增加建筑群体的稳固性，对于地基、基石、承载受力结构等大有裨益；岛上的海风异常猛烈，若是遇上热带风暴则更加可怕，利用公共山墙连成一片的建筑物，增加了抗风的阻力，减少了因山墙间胡同而产生的巨大风口；对于工匠们来说，可以很轻松地将木作屋面结构直接搭在先建房者的山墙上，省却了垒作山墙的工序，也节省不少工时；住房的使用者若能处理好"搭伙儿"共用山墙的关系，必然获得邻居们的信任，可以增加家族之间、邻里之间甚至村户之间的良好友谊。当然，最关键的是"伙山"为主人省下了大笔的建设资金。

东楮岛村"伙山"的院子都属于同一宗族，或一个大家族分家所致，异姓人家一般不使用"伙山"。但是，为了实现上述功能，可以使用"接

图3-29
东楮岛村王氏家族的接山住宅。

山"建筑。"接山"形式的山墙不同于"伙山",后建房者有自己的山墙,山墙的厚度可以小于先建房者。"接山"亦需要征得先建房者同意,然后告知"掌尺的"和瓦匠们,建造山墙时尽量靠近相邻的建筑体(图3-29)。这里的"接"存在另外一种民间语义,后建房者往往是先建房者的晚辈,或者家族地位较低,抑或是刚刚迁入本村者。若想建造新房,自然要尊重长辈或本地村民,视觉上给人一种战战兢兢的印象,仿佛是紧紧依附于他人。然而,"接山"毕竟不是"伙山",没有过度的团结义气,只为了礼节上的尊重。从功能角度分析,既然两家山墙间的空隙非常小,"接山"也具有减少风力的作用。此外,"接山"形式是适应人口增长的发展,节省环境空间的办法。"接山"前户建造山墙厚约一尺,后者只需做六寸厚的山墙贴近即可,这样一来住户建筑之间的距离缩短,可以省出更多有效空间,满足后来者再次"接山"。

最后,苫匠们会小心处理"伙山"和"接山"山墙形式的苫作过程。操作时,按照东楮岛村"伙山"形式的山墙搭载屋面结构,两个屋脊至高点之差不能太大(图3-30)。苫匠利用海草苫层的柔软性和可塑性,将两个具有微小高度差的屋脊连成一个整体,为了防止雨水往间隙里渗入,山墙边缘的苫层必须厚一些。有些海草房山墙之间有很小的距离,于是在"接山"的海草屋面上会出现轻微的凹陷。不过,苫匠们认为这些问题都不会影响苫层的质量。

图3-30

接山或伙山建筑需要处理好苫层的高度之差。

四、海草房墙面石作的装饰构件

海草房建筑墙体的表面很少有装饰，从海草屋面到"墙根"一切皆"取法自然"。海草屋面的修饰仅有梳理和压脊效果，而墙面依靠石料组砌形成自然的纹路效果，体现出海草房建筑朴实自然的审美特征。通过细致的测绘和观察，海草房石作墙体表面亦可以寻找到兼具功能的装饰附件，如"盘子""驴马桩""门窗口饰"等等。这些依附于建筑的构件不仅仅为了增加美的修饰，还具有较多的使用价值。

1. 石作墙面的门窗饰作

传统海草房的门窗结构非常简单，组砌石料时留出门与窗的空间大小，木匠将事先制作好的门框窗框交给瓦匠，瓦匠在修饰墙面和墁泥过程中将其固定好。待墙体施工结束后，门扇、门轴、门枕、窗棂等构件再由木匠安装。这个施工交接的环节如同上梁安装檩条一样，既需要木匠与瓦匠的协作，又依靠"掌尺的"来处理木作与石作在尺度标准上的结合。

一般来说，海草房只在朝南方向的墙面留出门窗口，东西山墙因"伙山"或"接山"结构不可开门窗。北山墙是阻挡寒风的首要，极少有开门窗

图3-31

　　王伯清自其祖父分家后就一直居住在北院，为了出入方便，不得已开凿出北门，并改造了通向南院的"过道子"。

的情况。然而，随着分家和起居方式的变化，最近东楮岛的村民有开凿北门和北窗的现象。例如，南街王伯清的院落，因为分家导致其居住在北院落里，所以为了出入方便而不得不重新建造一个北门。祖上居住的北面二进院和北屋分给了王伯清这一支，但是院门在南面一进院内（图3-31）。为了不打扰分出的一进院亲戚起居，王伯清的祖父将老院落的北屋改造成"倒房子"，卧室改造成门楼，形成"不合传统"的北"倒座"。目前，东楮岛村存在不少此类案例（详见第二章内容）。毕可淳家北屋正房的明间曾开凿出"北窗"。据毕可淳解释，毕氏老宅的北面有片菜地，20世纪60年代出门干活须绕道南院，年轻气盛的毕可淳自己凿开北墙，开通了直接进入菜地的"途径"（图3-32）。后来，随着年龄的增长，毕可淳有些后悔当初的鲁莽，尽管"北窗"尺寸较小，但是冬天彻骨的北风总是从窗缝中钻入，对于体弱多病的自己和老伴，实在是一种痛苦。由此看来，"北窗"和"北门"都是随着生活变迁而出现的居民个人行为，在东楮岛并未形成习俗，也不代表本地民间起居观念的传承异

图3-32

　　毕可淳将堂屋北山墙开凿了窗口，年轻时认为，跨过北窗就可以直接进入菜园干活。随着年龄的增长，他逐渐认识到有窗的北墙确实容易透风。

变。关于门窗面积的计算及门窗口的制作有以下几点。

　　首先，"掌尺的"计算好每间海草房的门窗数量，例如传统意义上三开间的房屋需要正门和两个窗户，这是符合前文所述古代"牖户之间"或"牖西户东"礼制的（详见第二章内容）。门窗留出的尺寸总有定数，而设计和制作门框与窗框的任务将由木匠来执行。木匠不用参与具体的安装程序，仅需告知瓦匠门窗口长宽高的尺寸，当石料组砌至门窗位置时便特意留出门窗的口径，民间称作"门口"或"窗口"。

　　其次，门的宽度为单开90厘米或双开180厘米左右，而窗的宽度为140厘米左右，门窗口在墙面上的空间跨度较大，需要采取加固措施。"窗台石"就是为了承托跨度较大的窗框而设置的。许多具有百年以上历史的海草房，在窗框的下方安装约150厘米长、12厘米厚的长条石料，民间匠作称之为"窗台石"。由于窗台石的功能特殊，石匠选择石料时要格外注意，以质地坚硬细密的整条石块为好，还需精心打磨边棱处（图3-33）。据说，窗台石的价格不菲，以前普通人家难有财力安装。窗框顶的位置与窗台石相对应安装木质窗楣，也就是一块原木方料，其两端分别插入石料卯眼之中，再以泥墁上缝隙。当木匠做好窗框后，瓦匠们只需将边框的榫头插入窗楣的卯眼，并将左右两边顺入砌石槽内即可。同理，门框的安装与窗框相似，只需要处理好门枕和门轴的关系即可（详见第五章内容）。传统海草房的门窗安装需要瓦作与木作共同完成。为了保证工艺的质量标准，木匠们就在施工现场制作门窗框和其他构件。瓦匠们需要随时测量木质门窗

图3-33

南街小棍子窗下的窗台石，以往都是由石匠专门挑选海石打造的。

图3-34
有些海草房室内墙面窗口部位呈现出弧形结构，其功能适合光线的进入，结构上满足碎石墙体砌筑的需要。

框的尺度，防止垒石组砌过程中预留的门窗口径出现偏差。因此，两个工种相互配合体现出传统匠作之间的默契。

再者，某些海草房室内的"门窗口"边缘利用石料组合成45度斜角或圆形。村民们说，这也是老辈传下来的匠作经验，主要是为了门窗开阖便利和采光需求。据曾在东楮岛干过十年木匠活的刘国安介绍，海岩石料石作的墙体非常厚，在预留门窗口时选择石墙截面的中心位置开槽，窗框与门框安装完毕后，再分别安装门轴和窗棂。在使用过程中，因为墙体厚重，所以门窗扇面的开阖仅能达到90度，采光效果非常有限。海草房石作采光设施本身就很少，唯有靠窗口和门口通风采光，有些人家便请瓦匠设计出门窗扇开阖大于

图3-35
剖开墙皮，可清晰见到石体罗列之结构，弧形是由于受到个体形态组合的限制，但也是匠作设计的重点。

90度的角度。将室内窗口或门口边缘的墙面砌成45度角，为门窗扇增加了45度的活动范围，使其左右开阖成一个梯形的二维度，光线摄入的面积增加了不少。有些"巧匠"索性将直角墙面处理成圆弧形（图3-34），似乎门窗口两边有圆柱相持一般，功能上实现增加采光面积，形式上也满足室内造型

的美观效果。此外，在海草房室内墙体门窗口处出现的弧形结构，与海石形态和砌筑结构有很大关系。室内的墙壁在门口或窗口位置往往形成朝外壁弯曲的圆弧（图3-35），其原因在于海岩石料的不规则程度，使其很难组合出边棱齐整的体块效果。厚厚的墁泥层与石灰涂层封固组砌石块，为保持墙体的平整度和圆滑度，弧形面积覆盖住内壁至门口或窗口的中心，使室内空间在视觉体验上更加开阔。

2. 照壁与宅门廊心墙的装饰工艺

东楮岛村海草房东南门内设有照壁，但极少有在大门外设照壁的情况。本地人称其为"照"，毕家模老人说，"自家的物件，不能让外人看到"，即指照壁功能是保障家居环境的私密性和安全性。同北方四合院建筑一样，东楮岛村的院内照壁有独立设置和安装在东厢房南山墙位置两类，营造方面主

图3-36
北街毕可淳三进院东厢山墙的"奎壁生辉"照壁。

要有石作和砖作。目前，北街毕可淳家东厢房南墙的照壁保存完好，其壁心装饰有民间画风的松树，题词"奎壁生辉"（图3-36）。毕可淳说，这是祖上流传下来的说法，每一辈居住祖屋的人都要修一修画面，"奎壁"①的意思指家中世代文运亨通，诗书传家。按照东楮岛村传统的匠作规矩，寻常百姓家里的照壁不允许有太多装饰。南街东南角毕可勇院落的照壁装饰内容就是一个"福"字，而照壁四个角画出蝴蝶的纹样，称为"角花"，可惜毕可勇家的照壁年久失修，较难辨认。照壁由筑墙的瓦匠们建造，或为独立的"一字碑

① "奎壁生辉"是民间常用的语义符号，应用于对联、楹联和建筑装饰画内。奎即奎星宿，壁即壁星宿，二者同为二十八宿之一。民间传统观念认为，这两个星宿具有主宰人事的文运，可保佑读书人博学多才，金榜高中。

图3-37

多年来，王伯清夫妇二人相濡以沫，彼此照顾着对方。其门口的照壁图形保存年月长久，王伯清已经记不得何时何人所作。

式"照壁，或在东厢房南山墙中间位置营建，式作的规矩依照墙体规格。南街王伯清院落的照壁（图3-37），镶嵌于东厢房南山墙的中心位置，以海岩石料组砌，以大砖（本地称"青砖"，见下节砖作工艺详述）设檐，中间样式为菱角檐；照壁四周以两层砖砌作"线枋子"[1]，壁心四角有"虎头找"[2]，再以方砖或灰面刻画的形式装饰出"龟背纹""压胜钱纹"或"灯笼纹"。由于影壁饰作的纹样与廊心墙基本一致，故将在本节后详述。

与影壁同属建筑装饰构件的廊心墙在本地称作"盒子"或"盘子"，其装饰手法多种多样，能够充分体现海草房民居建筑的艺术风格特征。首先，海草房门楼营造样式比较简单，亦为海草苫背屋面，门楣、门框、门轴、门槛等木作结构直接安装在石作院墙上；其次，有些大院格局需要在"倒房子"的东南角开院门，形成一个室内进深长度的门廊，在廊心墙处以简单的装饰"充充门面"。东楮岛村的南街和北街有多处古老的海草房，这里院落门廊处的装饰简单质朴，其样式有图绘花草纹、书法装饰和廊心纹样雕刻三种。

（1）白灰饰面书写"福"字的形式。门楼或门廊建好后，东家邀请家族辈分较高的人士写个"福"字，也可以请村里有文化的人来写。这就如同过年时找人写"对子"（胶东俗语，指对联）一样，图个吉利。据毕家模老人说，

---

① "线枋子"又称线砖，作为照壁或廊心墙装饰的边框，镶砌出照壁边缘的带状框架结构，具有如画框一般的功能。关于古代影壁作法的内容，详见刘大可编著《中国古建筑瓦石营法》，中国建筑工业出版社，1993，第123-136页。

② 影壁上身以方砖砌作装饰纹样，矩形壁面四个角皆以三角形砖作为装饰。

写这个"福"字也有讲究，左边的偏旁需要画出一个老人的图像，取个"多福多寿"的含义。瓦匠在廊心墙中心位置涂饰白灰，待干后将"福"字拓于其上，再用浓墨修补一番（图3-38）。若是时间久了，字体颜色出现消退，住户也可在逢年过节时自行描绘。此外，按照胶东民间美术的特征，"福"字的四周需要有角花衬托。这是剪纸、年画等民间美术构图形式共有的风格。瓦匠便以蝴蝶或花卉作为角花主题，利用拓作构成矩形画面边角的适合纹样。

（2）以蝴蝶或花卉作为装饰主题。具有吉祥寓意的花卉蝴蝶纹样是胶东地区民间美术常见的表现形式，在剪纸、年画和服饰等装饰中作为主题纹样应用。东楮岛村民居建筑的照壁装饰主题有牡丹、岁寒三友、迎客松、蝴蝶角花等，但在廊心墙画面上只出现过蝴蝶样式的角花（图3-39）。

（3）利用砖作或瓦作制作出抽象的几何纹样，象征着住户所冀望的吉祥寓意。按照中国古建筑石作营法的规定，门廊左右廊心

图3-38
这是东楮岛村民居典型的门面效果。

图3-39
带有浓郁胶东剪纸风格的廊心墙装饰蝴蝶角花。

墙上身的装饰被称作"盒子"，本地民间匠作则称之为"小盘子"，也有将照壁画面称作"大盘子"的。因为"盘子"的制作技术比较复杂，而且需要有审美的创造能力，东家必须请有经验的瓦匠来制作。砌筑倒座或者广亮大门时，海岩石料填充墙内，在廊心位置留出画面的空白，以黄泥墁实，再涂饰白灰三遍。另外，比较讲究的廊心墙可以用砖砌出边框，也就是所谓"线枋子"。东楮岛村海草房民居廊心装饰有采用方砖拼贴的形式（图3-40），也有用线条刻画出抽象的几何纹饰（图3-41）。以东楮岛村东南部这座具有300年历史的老海草房为例，这里多年前已被废弃，大门已经被拆除，只剩下门廊和墙体（图3-42）。其廊心装饰的纹样是由正方形和八边形组成的方阵集合，横排三组，竖排四组，共计十二组。图案形态皆以直线线型塑造，单体由正方形居内、八边形居外构成，八边形的四条正边对应正方形四边；而后由正方形四个角延长出对角线方向的斜线，组成相邻八边形的边长。画面整体是以图案学原理的"四方连续"构建的，充满着几何风格的韵律和节奏。

图3-40
利用方砖斜拼出造型的廊心墙。

图3-41
直接刻画灰面产生的廊心墙装饰效果。

图3-42
老宅中的廊心墙。

董久春是制作"盘子"的高手，他说这个刻画的方法传自老辈师傅，那些师傅们也无法说明其中的道理，只是觉得施工方便且比较符合建筑的美观要求（图3-43）。村里传说廊心装饰图案有三种称谓：其一是"灯笼纹"，取其光明的意义；其二为"八卦纹"，因外八边形有"八卦"模式，是中国古代建筑哲学理念"伏羲八卦安天下"的符号表征；其三是传统装饰纹样中的"龟背纹"。所谓"八卦纹"的说法在村里流传不广，仅两三位老人较为含糊地提及。在古代民居的习俗里，太极八卦图是一种"镇宅"的符咒，常贴在建筑主梁中央或者悬挂于门楣之上；太极八卦纹饰讲究阴阳的统一

图3-43
本地匠作称之为"盘子"的
廊心装饰。

对比，其象征意义反映了方与圆、直与曲的图形符号原理。"盘子"图形皆由直线构成，缺少"刚柔相济"的图像表号，而民间传统里极少将如此重要的

图3-44
廊心墙装饰灯笼纹。

符号作为任意的装饰。因此，"八卦纹"可能是一种讹传。龟背纹大量出现在古代建筑、家具、器物、服饰之中，是较为普遍的装饰纹样，其抽象的几何图像以六边形构建，而且极少有含正方形的样式。再者，龟背纹常出现在器物的肩部或作为一种副纹应用，建筑装饰全画面出现龟背纹的情况较少。因此，廊心墙内的装饰图案不是龟背纹。

董久春的解释比较令人信服，他说的"灯笼纹"是本地民间称谓，装饰在门廊两侧，有"照亮大门，迎接光明"的寓意。八边形内套正方形的图形比拟出灯笼的样式，亦传达出吉祥幸福的民间图像内涵（图3-44）。此外，董久春所传承祖辈艺人制作"灯笼纹"的手法非常有技术价值，这个图形的直线线型和几何构成方式多是源于古老的制作工艺。

瓦匠填补好廊心墙上身的内墙后，以黄泥墁实矩形位置，再抹灰层并打磨均匀。待灰层半干时，利用特制工具"铁牙子"割出线条。所谓"牙子"，功能上与抹灰缝使用的工具相仿，只是头部较细。这个技术环节里的关键是如何计算单体几何形态和整体图像之间的比例。据董久春回忆，"灯笼纹"由尺度相等的直线组成，外八边形和内正方形的边长必须均等，这就需要瓦匠在心中计算好排列组合的几何数理关系。譬如，单体造型与整体形态的统一在于八边形与正方形的结合，居中分布和斜边的交叉运用则体现出几何的数理关系；以正方形对角线的延长线作为八边形的四条斜边，也正好形成两个单体完美结合的纵横交错形态。其实，这个图案的制作看似复杂，实际只需要寻找一个"定数"的模具即可完成。有经验的老匠人会随手抄起一根理想的枝条作为边长定数，先定出正方形的边长和相互距离，将枝条从线枋子底边垂直翻转，如图设定出9段距离（图3-45）；再用同一根枝条横向由左至

图3-45
董久春演示当年如何定制"灯笼纹"平面的线段和比例关系。

图3-46
南街保留的老照壁。

右划定出7段距离，最后只需以枝条长度连接所有正方形的对角线，并延长至彼此连接，一幅抽象的"灯笼纹"装饰图案就完成了。各家廊心墙的大小不一，整体图形需要经过精心计算，所谓"枝条"的定数可以根据面积的变化进行调节，但是比例关系不能更改。因此，不论是面积较小的廊心墙，还是面积较大的照壁画面（图3-46），同样的几何定律运用于"灯笼纹"的创作过程中。确定"灯笼纹"形体的大小和位置后，瓦匠再用牙子在墁灰平面上进行刻画，凹槽的深度大约为灰层的一半即可。这段民间流传的装饰做法和计算方式，在我国古代建筑营造里称作"方砖心分位的计算"，是传统匠作技艺智慧的结晶。

3. 天窗子与天地牌

董久春说，荣成地区老辈还有个习俗，过年时要在门廊处祭拜，廊心墙以灯笼纹为副纹，中心处开凿出一个小型的龛。然而，这个龛里并不摆放塑像，也不供奉神仙之类，只是在大年初一，家族长辈率领全家成员燃香叩拜。这个习俗是胶东地区的节令礼仪，其寓意与院内倒房子或南墙朝北的"天窗子"一样。

在东楮岛村北街的毕可淳院里，祖屋二进院的南墙曾经是"腰房"的北山墙。毕氏家族的第四辈分家后对院落进行了改造，南一进院和东西跨院都被分给了其他支系，唯有毕可淳的祖上住在二进院正房里。在其南墙上遗留着一座"天窗子"，位于南墙东西之中心位置，面朝正房正中的轴点（图3-47）。所谓"天窗子"，即指神龛，以大砖砌作边长为50厘米的正方形空间，上部有仿瓦作的檐墙，较宽的柱石支撑着一座拱券式的砖梁，内部空间已荒废（图3-48）。在采访毕可淳的过程中，他详细回忆了小时候跟着祖父祭祀的场景："老年间，大年初一早上不到5点，俺老爷爷就在家里写个'天地牌'，就是用黄表写的，他有文化，会写毛笔字。一大家子恭恭敬敬地跟着，将这个'天地牌'糊上糨子贴到'天窗子'里面，还要摆上个香炉，不大的那种。老辈人讲究，又是上香又是让磕头，三炷香三个头，俺们小辈跟着凑热闹。家里还要摆个供桌，就在'天窗子'正下方，摆上贡品：三条杂鱼、几块猪肉和小菜。老爷爷告诉俺，这个'天地牌'的内容大有讲头，应

图3-47

毕可淳院内南墙上的"天窗子"，老年间过年时敬拜"天地"用。

图3-48

这类建筑风俗构件在东楮岛民居中不是很多，早年有些人家不会为其花费
建房成本。

该是'天地三界十方万灵真宰之神位'，保佑家里啥事都平安呢。年初一贴上，初二就烧了，过年三天都要记得上三炷香。（20世纪）60年代开始，俺们就不敢烧这个玩意了。"

如今，这个习俗早已不复存在，但是在胶东平度地区仍然有"天地三界十方万灵真宰之神位"的纸马（图3-49）。根据调研发现，胶东地区的大年初一早上有"发天老爷"（烧）的仪式，"天窗子"和"天地牌"应该就是这类传统礼俗的物化符号遗存。

图3-49

按照旧俗，东楮岛村民们在大年初一清晨要"发天地"，即在南墙"天窗子"内贴上"天地牌"，摆上香炉和贡品，上香祭拜后烧掉"天地牌"。如今，很难见到用黄表纸书写的"天地牌"了，毕可淳清晰地记得内容为"天地三界十方万灵真宰"几个字。这是平度地区木版年画中的"天地牌"，其风俗与荣成地区略有不同。

4. 驴马桩的制作与安装

中国古代民居建筑墙体外侧常设有拴马石，其功能是将马、驴或骡子之类的牲畜拴住，防止走失。社会上层人家或者大户人家的拴马石为独立柱石结构，位于宅院大门处，与上马石配套使用。但是，在一些小村庄里，普通百姓没有资格竖立上马石或拴马石，比较常见的形式是在墙体上嵌入一块石作代替（图3-50）。东楮岛村地处偏远，历史上很少有著名的"大户人家"，村内老宅院没有上马石的设置，仅海草房的石作墙体含有拴马石。

在槛墙上端的位置以砖、石或铁嵌入墙体的构件，其形态为圆环样式，像一个锁扣式的结构，本地人称之为"驴马桩"。这些造型独特的构件都是

图3-50
东楮岛南街北户墙面的"驴马桩"。

建房之初请石匠做的，也有去集市上购买的。瓦匠会根据东家的需要布置"驴马桩"，如揳入墙体的高低、相互之间的距离等；砌墙时，到此位置便将四个或六个"驴马桩"放在一条水平线上，并深深嵌入墙体。其实，"驴马桩"类似一块狭长的矩形砖石，长度可直接贯穿山墙厚度，亦具有墙钉增加拉结墙体的作用。石作"驴马桩"造型圆润，有些表面镌刻出几道花纹，显得素朴雅致，具有浓郁的乡土气息（图3-51）。据毕家模回忆，早期东楮岛村民主要以打鱼为生，极少有牛、骡子之类耕地用的牲畜。不过，村民常常依靠驴子进行搬运，这类"驴马桩"主要就是拴驴用的。

图3-51
"驴马桩"由石匠进行磨制，瓦匠在组砌墙面石料时将其安装进去，其功能在于拴牛、驴之类的牲口。

129

第四节　海草房砖墙的制作技艺

明清传统民居建筑营造特点在于砖的普遍使用，同时也促进了当时砖窑烧制技术的发展。正如前文（本章第一节砖作制度简介）述及《天工开物》记载的"转泃之法"，明清传统民居的砖作技术在我国近代民间广为传承，海草房的砖作结构便是得益于此。据村民们回忆，历史颇为久远的海草房没有使用砖作，大概在200年前建造的房子才出现砖料的痕迹。这种说法与砖作技术在民用建筑中普及的时间相吻合。通过进一步调研发现，荣成地区的宁津所（即现在的宁津街道）、东山镇、滕南镇等处曾有较大规模的砖窑。据毕家模老人回忆，东楮岛的西南边也曾有过一座砖窑。古时候的宁津所是屯兵重地，其城墙宏伟高大，而其东城门、南城门、西城门和北城门均使用大型的青砖。相关证据足以说明，海草房砖作结构的出现与当时民间砖窑烧制技术水平密切相关。

一、荣成地区民间的制砖工艺

采访过程中遇到滕南镇小落村村民刘四素（男，60岁），他十几岁的时候曾经在镇砖窑厂做过烧砖的工艺。他认为，本地区的海草房用砖有两种样式：其一为年代久远的青砖，呈青灰色，质地坚硬，民间常称作"南砖"，或认为是南方运来的砖料；其二就是近代烧制的红砖，质地较松软，尺度小于前者。不过，由于新型建筑材料的出现，砖逐渐被取代，烧砖窑已经消失，本地政府为了环保也禁止出现个体砖窑。从砖的质量角度分析，老辈传承下来的青砖更加适宜海草房建筑，其原因有以下几点：

第一，以古法炮制砖坯，凭纯熟的手工工艺加强砖质的细腻程度。本地青砖的原料使用熟土，以筛子筛选出不含沙砾的土质，加水搅匀做成砖坯。老师傅们常自己制作"卡子"，即将泥坯挤压成型的工具，以柳木板为材料加工成砖坯大小的矩形框架；把泥浆灌入柳木模卡之中，填实刮匀，制作出砖坯的初始形态。木模可长期反复使用，选择不易变形的柳木可以保证砖坯的质量，而且柳木质的木模内壁肌理细腻，便于保持干燥清洁。制作木模很有讲究，其宽度在12~14厘米之间不等，长度约为三块砖的总长度，在72~90厘米之间。为了流水作业增加产量，一个木模可以一次性卡出三块砖坯，节省手工操作时间。本地产的青砖可分为"大青砖"和"小青砖"两种型制，大的长宽厚为30×15×5（厘米），小的为24×12×5（厘米）。制作砖坯时，先选择平整干燥的地面，再均匀撒上细沙以维持砖坯接触面的干燥；将木模摆在地上，把泥浆打入木模内，用平板工具或手压实，使泥浆紧贴木模边缘；以"铁线弓"①工具卡在木模边缘之上，用力均匀进行切割，"戛平"表面成坯形。这道工序完全通过手工操作完成，其程序与《天工开物》中的记述基本一致，可以为我国古代制砖技术在近代民间传承的佐证。当地民间把这一道工序称为"托砖坯"，木模不但可以限定砖坯的标准形态，而且加快了卡制时间，便于做出大量砖坯。工人们通常上午制砖坯，可以利用午饭时间对砖坯进行晾晒，午后的日光较为充足，空气也较为干爽；下午三四点钟还需要将每个砖坯进行翻转和竖立，保证其每个面干得透彻。由于批量制砖的任务比较繁重，场地不可能长期用来干燥砖坯，可将砖坯放入临时搭建的棚子继续干燥，细沙场地用于下一批砖坯的卡制和干燥工序。关于这一段制作砖坯的工艺，刘四素认为，尽管彼时没有先进的传输流水线和自动化模具系统，但是通过手感和经验增加了砖质的细腻程度，操作施力亦具有柔性和弹性，可使泥坯质量更好。现代制砖技术在机械化运作下能够精确地按比例混合原料，并以机械力压制而加强砖的硬度。不过，机械操作缺乏柔韧程度，易导致砖质松脆。刘四素的观点解释了传统"青砖"优于现代红砖的原因。

　　第二，传承"转泑之法"，水火相济，控制砖坯烧制过程中的滴水速度，促进质地密度的增强。刘四素回忆说，当年老师傅曾告诫烧砖者："水火

---

　　① 世界第一部农业和手工业百科全书《天工开物》中记载了"铁线弓"，原文如"然后填满木框之中，铁线弓戛平其面，而成坯形"，说明我国很早就利用"铁线弓"进行制砖坯的技艺。详见明代宋应星著《天工开物》卷中"陶埏第七"文载。

图3-52

砖坯卡好后，晾干运进窑内，按照一定的顺序排列。

图3-53

一层砖坯排列好之后，逐层向上叠加，直到与窑顶齐平。

既济，窑内有神灵。"年轻的他始终不明白，"水火不相容"，怎么会共生出优质的好砖料呢？当翻开《天工开物》制砖一卷时，其文载"水火既济，其质千秋矣"，原来以"水火"烧砖是古代技术的优秀经验。前文所述"转淌之法"的技术核心在于控制窑内火候与水分的结合，这一点在民间烧制过程中起到了至关重要的作用。

传统砖窑是以成型砖坯垒作起来，其上不封顶，其下设窑门及通道，内部空间宽阔且逐层缩减。窑门需一人高，供人力小推车载入干燥后的砖坯；砖坯摆放在窑内的形式很有讲究，若砖坯之间没有空隙会影响烧制质量，而空隙太大又会削弱火力。有经验的老师傅按照一定的顺序进行排列（图3-52），如按外八字形鱼贯排列或者按"空斗"形式进行排列，再错开顺序逐层垒高（图3-53）。这两种形式的砖坯排列方式有三点益处：其一，外八字形或空斗形能够最大限度地利用空间，以便充填足够数量的砖坯，节省窑内空间可有效提高产量；其二，八字形前缩后扩，易于热量循环增加，可保证窑内高温均匀烘烤到每一个砖坯，空斗形同理；其三，确保水蒸气能够浸润每个砖坯，使其色泽和质地更加符合使用要求（图3-54）。

图3-54
刘四素演示砖坯在窑内的排列组合。

为了最大限度地利用砖窑的空间，砖坯要与窑顶齐平，并在窑顶预留出30个孔隙。每个孔隙的直径约有30厘米大小，齐平窑顶的砖坯墁黄泥封闭。古代文献记载的"转沍"就是指窑顶灌水，使窑内水火相济，帮助砖坯烧制成型。本地民间采用引水之法，奥妙就在窑顶的30个孔隙。在砖窑的一侧建造一座水塔，高于砖窑即可，取水管将水塔内的水引到砖窑顶部。在窑顶30个孔隙内安放生铁碗，每个碗的大小正好掩盖住孔隙为佳。特制的每个铁碗底部中心位置有孔，直径约2厘米，以细铁丝挂在碗底孔眼之上，通过孔隙将其顺入窑内砖坯之间，然后把铁碗与窑顶之间的缝隙用泥封死。

《天工开物》记载有"柴薪窑"和"煤炭窑"两种烧砖方法，荣成地区民间烧砖窑采用"柴薪窑"，传承了古代烧砖技术的精髓。柴薪多半为俯拾即是的松木条一类，放置在砖坯的缝隙之间，积累至砖窑顶。以泥封住窑门，点燃柴薪，开始烧砖。高温烧制约两天或三天后，窑内砖坯会被烧得发红，寻小缝隙窥查窑内状况，火候合适便可灌水其上。这时，利用虹吸法将水塔内的水引入30个生铁碗内，水流细小，顺碗底之铁丝缓流至高温窑内。由于窑内温度极高，滴水未至窑底便被蒸发，但水流不间断，窑内呈现水汽蒸腾，砖坯内质在火烤和水蒸气浸润的作用下密度加强，硬度加大，色泽也逐渐变青灰。如此运作三天，适时停水熄火，十天左右的时间砖窑彻底凉透，才可开门取砖。上述工艺就是"水神透入土膜之下，与火意相感而成"①的民间匠作传承。青砖呈铁灰色，质地坚硬，抗潮防风化，其性能远远超过红砖，原因正是在于使用"转汹之法"这道古老的工序。

第三，砖料形态和内质都适合施工过程的各项指标。关于青砖的来历，东楮岛村老人们有两种解释：或认为此砖辗转运自南方，如苏皖浙地区的港口，经由海运至石岛，称作"大南砖"；或认为就是当地所产，其土质经窑烧"转汹"而呈青灰色，因其制作方法传自南方，故名"小南砖"。其实，砖的工艺和成色说明其源自南方，但是荣成各地均有烧砖窑遗址，在某种意义上解释了民间工艺地区传播的形式。《天工开物》记载，明代官办烧造砖厂以北京左安门外之"黑窑"为主，永乐后期在山东临清、江苏苏州及天津武清设分厂。砖作在民间建筑普及之时，各地民办烧砖窑址渐盛，当以上述三者为核心分散经营。山东地区的烧砖窑本就昌盛，大可不必从南方输送砖料，因此荣成地区海草房建筑所用"青砖"大部分为本地产品。

瓦工出身的董久春喜欢用青砖，砖料可根据建筑构造和比例所需进行分解和组砌，青砖具有分解不碎和切割不崩的优点。尽管近年来建筑工程大量使用机械化制作的红砖，但是红砖缺少"转汹"工序，内质和色泽均不及青砖。施工时，红砖极易四散崩裂，松散的质地制约了营建技术的灵活性，亦增加了废料的成本。如今，新型建材水泥砖的出现迅速普及，但是住惯海草房的人对青砖总是念念不忘。

二、海草房的砖墙结构

海草房会在某些支撑结构之处施砖作，譬如南山墙墙体上身、院门门廊两侧、墙体转角处，以及窗框和房檐处。有一种说法认为，砖作能够辅助石作形成更为坚固的墙体，而且在门窗边缘或建筑上身出现排列整齐的

① 宋应星：《天工开物》，岳麓书社，2002，第176–177页。

砖垣，与自然组砌的石料纹理产生节奏的对比，亦可满足审美之要求。董久春坦言，以砖砌作建筑夹角或边缘，亦可加强此处承力结构的牢固性和稳定性。

用土雷管炸的海石很少有齐整的边缘和棱角，当组砌至门窗口或平檐位置时便不好用了，这些位置需要清晰的边角线体来加强美感。有些海草房选择"宽窄合适"的好石料，请专门的石匠修磨打制，或者花大价钱购买南砖进行补充。瓦匠在营造过程中如何处理方砖与海石的衔接，对于海草房建筑墙体的实用性和审美性非常重要。门口与窗口处用砖石结合营造，将砖的体面边缘顺齐，可塑造出直线型的框架；墙内的海岩石料块面不规则，形体面的大小相异，组合在一起会出现凹凸不平的问题。当然，墙体全部用砖，成本太高，不可行；全部用海岩石料，又无法满足墙体实用和美观的效果。砖作用于外立面或门窗口边缘，内壁用海岩石料填充，二者相辅相成，既可以节约成本，也可以达到外观效果整齐一致。因此，从技术角度分析，砖石结合是海草房营造工艺发展的重要标志。为了确保砖作与石作结合的牢固程度，砖型采用纵横交错、对齐边角的方法，运用传统的"一斗一丁"垒作样式进行排列；海岩石料在砖体结构之后进行穿插，以多补疏，以厚匀实，形成碎石填充状的组砌模式。空隙利用"破烂的"小石块充填，也能够使墙体内壁达到基本的完整平顺。有的海草房建筑墙面将砖石结合在一起，既可以利用砖料的整齐棱角，又可以填补不规则石料留下的间隙。调研过程中曾询问刘四素，砖作材质与工艺都明显优于石作，为什么还要采用砖石结构营建墙体？刘四素认为有两个原因：首先就是建房成本经济的制约，东楮岛居住者世代都是渔民，恶劣的环境和艰辛的劳作促使他们恪守勤俭朴素的祖训，建房置业必须精打细算，不可铺张浪费；再者，砖型狭长而单薄，虽然组砌整齐，但是无法达到海岩石料的坚实厚度，以四面濒海的渔村环境来说，石作或砖石结合能够满足特殊的居住条件。

第五节　海草房的墙体结构

东楮岛村海草房墙体立面的营造样式有五种：自然组砌式、整石组砌式、"三斗一丁"式、"一斗一丁"式、砖石结合式。如图3-55所示，自然组砌的海岩石料采用任意排列，墙面石块大小不一，完全依靠匠人反复对比和巧妙安插成型。据董久春解释，如此砌石并非特意追求艺术效果，实在是不得已而为之。早期岛上的村民缺少建房材料，也没有财力和精力制造整齐的建筑墙面，只能自己去海边炸海岩，将所有碎石装上小推车运回家。若雇不起石匠，唯有请瓦匠在砌墙时费些功夫，先把乱石分类，再逐一对比，砌筑块石之间平整契合即可。

自然组砌形式的规矩和原则：墙根之上是"斗子石"，一般采用体量较大较方正的基料，以确保墙基的承载力和坚固性；槛石以上部分可利用碎石进行排列组合，但必须"对茬"严谨，使墙缝粗细均匀，以便于抹缝施作。"掌尺的"董久春总结的墙体组砌原则是："整石居下，碎石居上，见缝插针，不许剩料。"

采用此类组砌形式的海草房年代久远，石料表面色泽偏黄，形体较小，排列组合无定则，依靠各个石料体面的比例和大小进行结合。

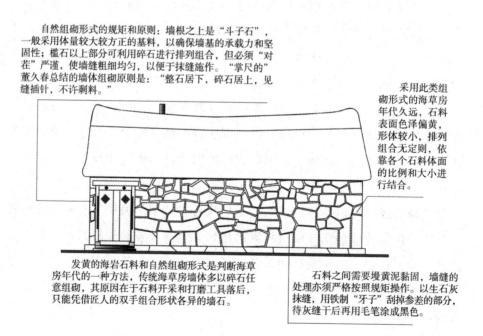

发黄的海岩石料和自然组砌形式是判断海草房年代的一种方法，传统海草房墙体多以碎石任意组砌，其原因在于石料开采和打磨工具落后，只能凭借匠人的双手组合形状各异的墙石。

石料之间需要墁黄泥黏固，墙缝的处理亦须严格按照规矩操作。以生石灰抹缝，用铁制"牙子"刮掉参差的部分，待灰缝干后再用毛笔涂成黑色。

图3-55
北街西一户海草房北立面墙体组砌结构图。

如图3-56所示，东楮岛有部分海草房墙体使用外地海运而来的"青石"组砌，其工艺较为先进，每块石料均进行过切割和打磨，砌面平整细致，纹路清晰条理。东楮岛西北方的崮山出青石，有专门的石匠统一处理石材，销售价格不菲。此类青石的组砌方式严格按照匠作则例，"丁"与"顺"整齐排列，抹缝均匀。"青石"表面色泽青灰且质地坚硬，然而由于经济和运输方面的原因，没有被大量使用。

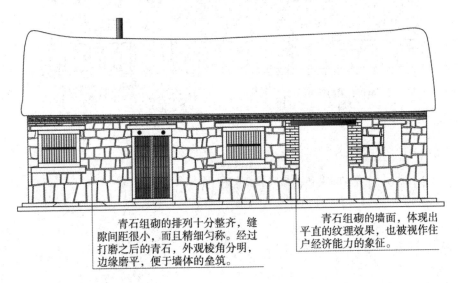

青石组砌的排列十分整齐，缝隙间距很小，而且精细匀称。经过打磨之后的青石，外观棱角分明，边缘磨平，便于墙体的垒筑。

青石组砌的墙面，体现出平直的纹理效果，也被视作住户经济能力的象征。

图3-56

中街东户南向海草房南立面墙体组砌结构图。

如图3-57所示，砖石结合的组砌方式在东楮岛海草房墙体营造中较为普遍，其应用时间跨度较大，清末时期至现在均有如此制法。砖作既可以实现墙体坚实耐用的功能，又可以保持建筑边缘的美观，常被设置在槛墙之上或门窗口处。作为墙基部分的斗子石和槛石，其排列务求整齐划一，与砖砌形式相应。

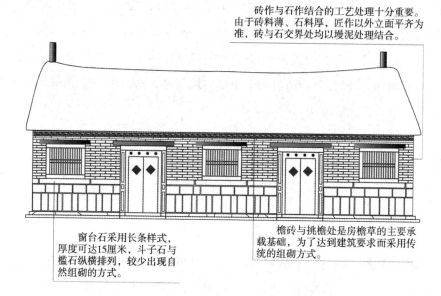

砖作与石作结合的工艺处理十分重要。由于砖料薄、石料厚，匠作以外立面平齐为准，砖与石交界处均以墁泥处理结合。

窗台石采用长条样式，厚度可达15厘米，斗子石与槛石纵横排列，较少出现自然组砌的方式。

檐砖与挑檐处是房檐草的主要承载基础，为了达到建筑要求而采用传统的组砌方式。

图3-57
北街毕氏海草房北立面墙体砖石结合组砌结构图。

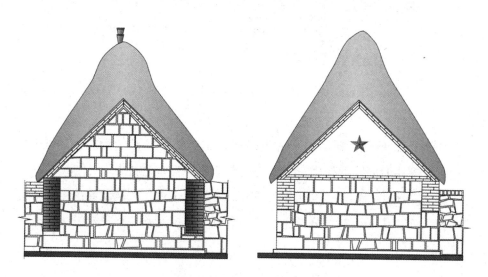

图3-58
中街东首海草房山墙立面组砌结构图。

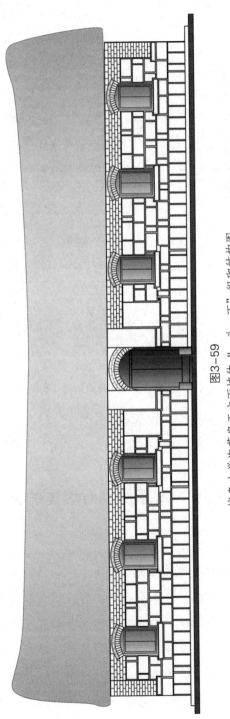

图3-59

褚岛小学海草房正面墙体"一斗一丁"组砌结构图。

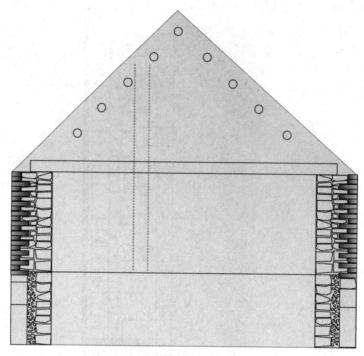

图3-60
海草房室内西山墙剖面图。

第六节　海草房砌石墙体的艺术价值

　　我将能够构成建筑之美感的要素，局限在那些从"自然"模仿而来的形体；对此，多半有人会认为我这么做是武断了点。不过，我并非主张，每种令人心生愉快的线条布置手法，背后全都有某个特定的自然界物体，作为其直接的借镜。我是在主张所有美丽的线条，都是从一切由造物者决定之外观中，取其最为常见而共通之线条，加以改写变化而成。是在主张让这些线条之丰富，能与它们取材之对象相称，亦即让它们与自然的鬼斧神工相似，以其为典型，将其援引为辅助——是我们必须尝试做得更贴近目标，必须让人更清楚看到其效果的事。[①]

——［英］约翰·罗斯金（John Ruskin）

英国工艺美术运动时期的思想家约翰·罗斯金认为，建筑艺术的美学原则更多来自人文传承，建筑本身就是引导人类走向光明的"焰火"。他提倡"师法自然"的建筑艺术美学，并指出不仅在形式方面模仿自然，还要在本质上融合自然。建筑墙体能够引起人类视觉意识和心理意识的丰富情感，却与诸如美术、戏剧、诗歌、音乐、舞蹈等表现艺术有所区别。建筑艺术具有工艺性、功能性、经营性、公众性和乡土性等多种审美因素，品评其美学意义的价值，往往带有人文历史和本元文化的综合思考。

广阔无边的海洋、默然矗立的岩礁、细密簇拥的海草、漂荡坚韧的舢板、经纬交织的渔网，这些身边的"借镜"并非直接作用于海草房营造观念。然而，聪慧的东楮岛村民以及周边地区独具匠心的营造者却将自然的原型进行了适宜的改造，以深厚凝重的体量和刚毅朴拙的线条，制作出海草和海岩的建筑系统。尽管将海草房的设计与建造称为"鬼斧神工"有些夸张，但是无法泯灭瓦匠、苫匠和石匠们的求"艺"之心。

建筑本身就是乡土性的、本土化的符号，原因在于其本质和外延都是围绕着生活而存在。地域性的材料选择和本土化的工艺施作是建筑营造必须接受的前提条件，亦是宜用的客观表现。另一位英国人罗杰·斯克鲁顿在品评"地方建筑"的美学意义时主张："设想有人要处理他的墙，以显示其形状和形式如事物能达到的那样，作为一项建造活动的产物，其规律先后次序、目的及范例，都可以看成是各个不同部分中内含的。"[②]其观点表明，建筑设计及其工艺性行为有一定的规律性、原则性、目的性和典型性，这些特征得

---

① 约翰·罗斯金：《建筑的七盏明灯》，谷意译，山东画报出版社，2012，第156页。
② 罗杰·斯克鲁顿：《建筑美学》，刘先觉译，中国建筑工业出版社，2003，第217~218页。

以表现的途径在于建筑构件各个不同部分的统一态势，譬如墙面与建筑整体体量的对比统一。海草房的石作墙体不仅仅为凸显形式美要素而设计，那些属于整体的每一块海岩石料，几乎都是严格按照传统工艺的规则进行排列组合。尽管视觉感受是墙面石块任意随机排列，它们未经雕琢，但是"自然"被有意识地表现出韵律感和节奏感，使观者惊叹于石块组合之巧妙、缝隙纹路之清晰，并获得图像意义上的审美愉悦。手工艺文化内质的显现成为传统乡土性建筑审美意向表达的重要价值。毕竟，对于石料形态的选择、组合方式的构建以及尺度比例的把握，相关工艺内容都是民间匠作智慧的结晶。"建筑乡土性的存在和优势是建筑与其他艺术之间存在差距的必然结果，这种差距使建筑与其他艺术相分离，也是因为建筑艺术相对地缺乏真正艺术创作自由的结果。事实上，在大多数情况下，一个建造者必须使他的作品与某些预先存在着的、不可改变的形式相适应，在各个方面都受到种种影响的制约，这些影响不允许他有太多的自觉的'艺术'目标。很简单，建筑是一种实用学科的概念，它要与人们日常生活中存在的各方面东西相适应。"①海草房的墙体营造便是适应岛域生活环境因素，以最简便的方法获取材料和工艺，精心排列出具有自然之美的建筑形式。当我们品评那些屹立于海岸边上的海草房时，无论惊叹于受潮水冲刷腐蚀而斑驳陆离的墙体，还是愉悦于山峦般此起彼伏的海草屋顶，必然会对传统建筑与现代建筑之间的矛盾产生怀疑。我们面临的问题在于，面对现代工业文明的高速发展，那些逐渐湮没在钢筋水泥之中的乡土建筑该如何体现其价值。

---

① 罗杰·斯克鲁顿：《建筑美学》，刘先觉译，中国建筑工业出版社，2003，第18页。

第四章　海草房的木作工艺 ≫

古人常以"木作"为纲、"匠度"为法，借论君子之道。譬如，《尚书大传》曾记载周公教育康叔的一个典故：康叔与伯禽见周公，因不识君子之礼而被笞，二人受罚之后咨贤人商子。商子以南山之"桥"与"杼"为喻，阐明"父子之道""君臣之礼"。康叔与伯禽复以礼拜谒周公而学道。此处"桥"是指山林丛生的树木，文献记载"桥"木形趋而矫然，峻伟岸若严威，似君父之风；古文"杼"义同"梓"，为落叶乔木，其貌肃穆谦和，晋然低俯，有臣子之德。《尚书大传》所述之修辞意义在于桥木高而仰，梓木晋而俯，以喻父子。[①]古人常以自然之物喻示处世道理，而匠作的绳墨曲直亦可作纲常准则。《史记正义》亦曾明确指出："若梓人为材，君子观为法则也。"[②]海草房建筑营造术语里也存在类似的修辞学含义，譬如"好汉子""腰杆子""脊檩""脊梁杆子"等称谓。传统民间匠作将材料性质与工艺特点进行拟人化的处理，借人事之义喻示伦理功

---

① 孙星衍撰《尚书今古文注疏》，陈抗、盛冬铃点校，中华书局，1986，第384页。

② 司马迁撰《史记》，中华书局，1982，第1590页。

能之道，其用意颇与古会。如今，建筑学意义上的修辞学方式常被冠以"后现代主义"或"文脉主义"的名号，亦成为反拨现代主义建筑理论的主要武器。在我国本土民间传承文化里出现的这类修辞符号具备了怎样的语义和意图呢？

　　东楮岛村海草房民居建筑的承力结构主要以石作为基础，屋面功能结构以苫作为主，而木作仅占较小的比例。海草房的梁架檩条结构属于大木作，其余皆为不承重的小木作，诸如门窗、隔断、家具等。然而，海草屋面造型却完全依靠木作构成。更重要的是，木质结构是海草房建筑受力承上启下的关键。董久春认为，尽管木作在整个海草房营造系统里用工用料都是最少的，木匠也不是施工队的核心成员，但是木质结构的功能非常重要。老木匠们曾经对他说过，木作结构在建筑中的作用就像动物的骨骼，连接建筑所有功能和结构部件。若木作出了问题，房子就会土崩瓦解，道理与骨骼折断的动物永远无法活动一样（图4-1）。由此可见，木作工艺是支撑屋面苫作和传递受力的重要环节，其作用在于承接重达上万斤的海草和笆板屋面，并将所有压力分解传递至墙体石作的受力基础。本章内容将详细阐述东楮岛村海草房建筑的大木作和小木作营造法则，分析木质梁架结构和隔断陈设制作工艺的相关内容，并重申传统民居营造法则的核心在于"宜用"观念。此外，东楮岛村民口耳相传的木作结构名称和工艺术语意义独特，如"好汉子""腰杆子""脊檩"等民间匠作称谓。这些术

图4-1

　　东楮岛村百年以上的海草房建筑，由于年久失修而出现屋顶塌陷、房梁折断、墙基损坏等问题。从其裸露出来的木作体系看，檩条和八字木结构相互支撑着重达数千斤的海草苫层。

语在本地各类匠工间通用，其内涵表达出我国传统民间匠作的工艺思想。因此，对于木作术语的"循名责实"亦为揭示传统海草房营造之关键。本章将以"物理其本"的建筑学意义对工艺文化符号进行修辞学方式解读，阐述其在建筑营造系统中的重要作用和价值。

第一节　屋面举架

　　根据视觉艺术的形态原理分析，海草房庞大的马鞍形屋面高高伫立，海草束在举架之上层层相叠，山尖处苫作形成了雕塑状浑圆廓形。海草屋面庞大的体量引起强烈的视觉冲击，而造成这种形态的真正原因却在于举架。海草属于软质材料，以铺作形式搭在由梁架和檩条组成的举架结构上（图4-2），作为屋面遮风挡雨。海草屋面每一个苫层达到10厘米厚，相互叠加，逐层上升。因此，庞大的海草屋面完全依靠其内部的举架结构支撑。按中国

图4-2
以石作或砖作基础为支撑结构，由八字木组成的三角形具备稳固梁架和檩条的作用。

145

图4-3

海草房屋面形态的硬山结构主要靠软质材料塑造，海草或麦秸形成了表面平滑柔软的效果。因此，海草房屋面木作的主要作用便是承载所有软质材料的重量。

古建筑屋面结构类型进行分类，海草房属于"圆山（卷棚）式硬山顶"[①]。这种屋面结构的特征包括：海草苫层重叠搭载于山墙边缘的房檐石上，东西山墙面均没有木檩探出，墙面裸露无变化；前后两屋顶坡面出檐尺度较小，基本符合瓦屋的硬山结构；不同之处在于瓦屋硬山式屋顶有正脊和四条垂脊，而海草房屋面囿于材料属性

的限制，形成了类似"卷棚"状的脊面；海草房屋面形态没有垂脊，没有边棱及棱角，只是在屋脊位置覆盖着黄泥或筒瓦（图4-3）。这就是海草房屋面形态之所以呈现出浑圆厚重的主要原因。可以见出，海草房在使用海草这类特殊材料的过程中，其建筑体量和形态特征产生了结构上的变化，既不同于我国传统民居的砖瓦结构，也不同于茅草民居的结构。关于"硬山"的屋面形态及意义在《营造法式》中没有记载，这是一种明清时期盛行于民间建筑的屋面样式。但是，硬山式屋面承载结构却是具有悠久历史渊源的木作工艺手法。

东楮岛村民常说，"盖房子要瓦子就得要木子"。木作工艺和瓦石工艺的设计施工都在建房现场进行，二者之间既坚持各自的手艺原则，又必须相互协作，共同处理材料与工艺的衔接问题。前文也提到，东楮岛村历史上很少出现过专职建筑营造的木匠，据村民王芝国讲述，其父王德成（已于1989年去世）16岁曾跟着师父去烟台学木工，之后便闯关东在东北做木匠营生。抗战胜利后王德成回到东楮岛村，从事修补船只的工作，同时也制作一些建筑部件和日常家用器具，包括梁架、门窗、桌椅板凳、床、木制水桶、棺材等。尽管没有专职木匠，但是渔民常需修补船只，对于木质材料的加工并不

① 刘大可编著《中国古建筑瓦石营法》，中国建筑工业出版社，1993，第156-157页。

陌生。本村木作工艺的原料多来自东北和华南的硬木，如松木、杉木、榉木、槐木、榆木等。东楮岛上处处可见的楮树硬度不够，不能用作船只及各种家具的原材料。20世纪60年代，村里的生产队曾专门为王德成设置了一间木匠铺，主要负责修补木舢板，福利是每天折算十几个工分。东楮岛村老房子（20世纪50—60年代所建）的门窗、碗柜、桌椅、梁架等都曾由他制作和维修过。据毕家模老人回忆，王德成做的传统榇子窗十分精致，村里再也找不到具备他这样手艺的木匠了。

东楮岛村传统海草房大木作和小木作工艺都是雇请周边地区的"木子"来施工，他们来自马家寨、宁津所、马栏檾、所东张家和所东王家等村子。彼时，木匠与瓦匠统归"掌尺的"领导，瓦匠主要负责摆地基、垒海岩砌斗子石，而木匠负责梁架和门窗的制作。调研马家寨村的过程中，巧遇曾做过木匠的刘国安（男，1957年出生，年轻时打鱼修船为生）。据他回忆，小时候跟着许多木匠在东楮岛修理过房梁、安装过窗子，对海草房的木作工艺技术非常熟悉（图4-4）。宁津所70岁高龄的张来群一生从事木工活计，如今在街道市场上经营一家装饰公司，他对于老房子的大木作技法亦颇有心得。

图4-4
刘国安曾经跟随师父在东楮岛做过木匠活，如今他依然能够详细地画出海草房大木作的施工图。

一、"八字木"梁架的木作结构

海草房的木作结构主要依靠墙体作为安装基础，其屋面部分以"小式大木作"承桁载板，并组成等腰三角形的受力结构（图4-5）。"小式大木作"概念出自清代《工程做法则例》，即指传统民居建筑的柱、梁、枋、檩、椽等结构部位和做法。同古代官方建筑相比，民间建筑的体量和结构均弱小简从，亦没有大量象征地位身份的装饰构件，因而被称作"小式"，其营造实质

图4-5
海草房室内屋面的梁架结构。

唯以"宜用"为的彀。民间居住建筑体系的"大木"主要用于辅助墙体进行承重，并承载屋顶坡面的重力和侧推力。明清时期北方民居多以砖石墀头和槛墙作承重墙，其开间和进深的尺度相对较小，室内梁柱的功能逐渐消失，仅成为装饰的表达。南方民居以木作构架为主，尤其突出梁、柱、椽、桁的作用，且空间布局讲究灵活多变，其小式大木作结构较为繁缛。按照清代工部的营造则例，小式大木作民居建筑之面阔为三间至五间，进深的空间尺度可用屋面举架之桁木数来衡量，一般不超过七根桁木（包括正脊）及其跨度。

1. 小式大木作选材原则

海草房建筑的屋面材质特殊，不需要各类悬山或硬山檐式造型，整个屋顶好似渔网兜箍起来，斜坡面高耸而整齐。因为没有出檐廊柱之斗拱和椽枋之瓦作结构，所以海草屋宇完全依靠墙体及内部的木作梁架支撑。传统海草房梁架和桁条采用质地坚实的松木材料，为北方民居常用之材，其成本比杉木、榆木或榉木较为便宜。刘国安介绍说，本地区将松木称作"杉杆子"，其中以红松居多，也有少部分黄松被使用在面积较小的结构点上。这些木材产自东北地区，通过"大船"（本地称捞海参或扇贝的小船为"舢板"，运货或出远海的为"大船"，早期东楮岛没有能力制作远洋大船，村民仅靠"舢板"维持生计）海运到石岛，东楮岛村及附近几个村的人们再去石岛购买。他说，记得半个世纪前的石岛有以此为经营业务的船行，村民称之为"跑棚的"，航线通往浙江省沿海城市和东北地区的大连、旅顺等海港城市。东楮岛村海草房民居建筑小式大木作多采用东北产松木，原因有三点：其一是价格低廉，松木与南方产的榉木、栗木、杉木、香樟、楠木相比，产量大，成材率高，且东北地区与胶东地区的交易往来极为频繁，促使松木价格相对较低；其二是松木质地与材料属性适宜本地区环境气候，尽管杉木、楠木和榉木质地坚韧，具有抗压性能和抗腐蚀性能，但是终究不耐北方的干燥严寒，而北方产松木口径大，跨度长，处于干燥气候条件下不会出现皲裂；其三，松木出材尺度较大，适合大木制作的梁、柱或大料，其粗壮有力的性质能够满足民居建筑的使用尺度要求。现在东楮岛村的新建海草房（约建于60年前）里，梁的材质以落叶松为主，而明清时期传统海草房有用竹竿、洋槐杆、杉木等作梁架材质的。材料的选择既要注重实用也要考虑经济。刘国安说，老辈有"头不顶榆，脚不踩椿"的说法：榆木内质较软，会出现变形的情况，不可作为承重系统里的大梁材料。椿树，本地指臭椿，木质虽坚韧，但易朽烂，亦不能用于营造。刘国安说："俺那时候跟着师父去解料，将主家买来的落叶松原木，用大锯解成方木，有1米7或1米8的长短，结实着呢。"不过，关于传统海草房大木作的用料原则，张来群也有自己的看法。他认为，传统海草房的梁架与门窗均用杉木制作，且有百年以上的历史；松木大量应用在营建上的时间较晚，大约有50～60年的历史。

按照木材学原理对二者进行比较分析：其一，杉木生长于长江流域和秦岭以南地区，属杉科乔木，材为黄白间色，质地较软，纹理细致且平直，具有加工方便、耐腐蚀等特点，多用于建筑、桥梁、造船、家具及纤维制品等；其二，本地所谓松木属北方落叶松，多为从旅顺、大连海运而来的木材，如红松、白松、黄松之类，材质坚硬，纹理细致。从木材工艺学角度分析，杉木易于加工和雕作，而且不易变形；松木坚硬，很难对其进行雕刻，必须进行人工烘干，否则容易变形。这就是张来群所述木材营建方面原料比对的优劣点。但是，民间建筑营造工艺不仅仅注重材料的质地和属性，还要参考其经济价值和社会价值。比如，杉木的运输费用明显高于松木，松木材质更加适宜北方气候，市场上的价格也比杉木低不少。因此，当地普通百姓建房多使用物美价廉的松木。

2. 海草苫层屋面的举高制度

建房伊始，"掌尺的"必须根据环境和用户条件进行早期的规划，如同现代意义上的"设计"。董久春有30多年"掌尺的"经验，具有相当丰富的建筑

图4-6

山墙的山尖至平檐处的长度，这是计算檩条数量和八字木边长的主要依据，山墙厚厚的海岩石料及黄泥层可以开出卯眼，安装木作结构。

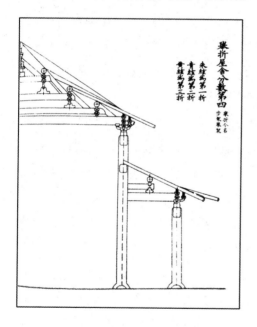

图4-7

宋代李诫著《营造法式》载"屋舍举折"图。

设计知识。据他回忆，当年接到东楮岛村盖房子的任务，先勘察地形，探明周围环境，然后根据主家人口、经济能力和材料状况进行初步"谋划"（设计）。其程序主要分为三步：第一步划定地基或平面的尺度，合理分配空间功能，满足使用人数和活动区域的需要；第二步计算屋顶高度和山墙举高①，既可以完成建筑立面工程的规划，也可以预算好石料、木料及其他辅助材料的用量；第三步仔细计算举高山墙尖与梁架之间的安装系数，这是决定瓦作垒砌的质量、木作结构的稳定及苫作层数高低的关键一步（图4-6）。

"举高"概念在宋代和清代有所差别。《营造法式》规定以建筑的前橑檐方心和后橑檐方心之间距离的四分之一为举高度（图4-7），李诫认为其制与古代经传记录吻合。具体设计的方案包括，先设定建筑比例，比如"举折之制先以尺为丈，以寸为尺，以分为寸，以厘为

---

① 举高，指屋檐以上屋面坡度形成的高度，中国古代建筑及传统民居常采用"人字形"屋面坡顶，形成了梁架承载桁条或檩条的三角形步架形态，三角形的高即"举高"，清代营造法则常称之为"几举"。

分，以毫为厘"①，绘制所建房舍之左视图或右视图，按照梁柱的高度设计出卯眼，并折算出举高步架的度数。清代建筑屋顶坡度的处理方法称作"举架"，椽与梁之间的角度随举高往上逐次递升，视房屋面阔与开间大小定夺举架之高度，此处与宋代先定总举高的方法有所不同（图4-8）。然而，若是对举高制度追本溯源，如李诫所述："正与经传相合，今谨按周礼考工记修立下条。"②后世宫殿建筑及民居建筑的举高制度皆是来自《考工记》的"各分其修"，所谓"经传"即指《周礼》而言。《周礼·冬官·考工记》"匠人"篇明确了葺草屋面与覆瓦屋面的举高差异，规定了二者举高取平面进深尺度之比例为模数，以"葺屋三分，瓦屋四分"③为标准制度（详见第三章和第五章内容）。

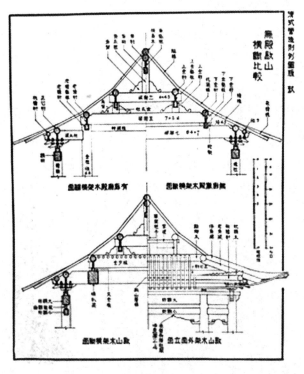

图4-8

梁思成著《清式营造则例》载庑殿屋顶截面图。

① 李诫：《营造法式》，中国书店，2006，第34-35页。

② 同上书，第33页。

③ 孙诒让撰《周礼正义》，王文锦、陈玉霞点校，中华书局，1987，第3503-3504页。

董久春和刘国安都提到海草房屋顶举高的计算方法，以房间进深的二分之一加五至七寸为准，这便符合"葺屋三分"的古制公式。举高制度关系到海草房山墙高度和屋面苫作层数，设计和制定施工方案以瓦活为准，木活和苫活仅需依例协作即可。尤其是对于海草房的大木作施工来说，木匠按照瓦匠垒作墙体的数据制作梁身和桁檩结构，梁架所构建的三角形尺度和角度都需要同"掌尺的"和瓦子商量后而确定。这就是木匠所制木作结构必须由瓦匠亲自安装和调试的主要原因，而且董久春也特别强调瓦作和木作在施工过程中的关系，即二者尺度适用的标准一致，工程推进的程度相辅，构件结合部位相互之间必须合适。

3."八字木"梁架的结构式作

在我国众多明清遗存的大型建筑结构里，屋宇举架常采用"抬梁式构架"，即以垂直木柱为承重支点，纵向侧面柱头之间安放大梁，梁上有"侏儒柱"（矮柱），逐层抬高最终至正脊。但是，因受传统等级观念影响，民间匠作不允许采用这样的构造，民间建筑往往结构简易、尺度缩小。以东楮岛为代表的海草房民居建筑，大梁横跨在南墙体与北墙体之间，其上对称做出尺度一致的两条腰边，共同组成一个非常稳固的三角形几何结构，本地匠作称之为"八字木"（图4-9）。两个梁架之间的距离就是室内一开间的面阔尺

图4-9
八字木结构相当于古建筑中的叉手和托脚，其作用是形成屋面两坡体量，并承载覆盖材料。

度，在东西山墙上没有设置"八字木"，而是直接将桁檩插入墙体预留的卯眼（图4-10）。这种安装方法既简易又省工省料，并且将木作构架所承受的屋面压力分解传递至拥有厚重石料的墙体基础。许多地方民居的木构或砖石墙体无法以此类方式放置举架，这是海草房特有的小式大木作结构。

海草房小式大木作最重要的构件就是"八字木"，它是梁与"脊槫"之间的斜枨，古建筑结构术语里称之为"叉手"或"托脚"。"脊槫"是《营造法式》中的概念，实际是指屋脊下横向的脊檩，为处于建筑最高点的构件；"叉手"的概念至明代已不沿用，具体指宋代建筑

图4-10
室内西山墙可以明显看到烟道、墙皮、炕柜和檩条插入的卯眼。

举折步架上用以连接槫的斜枨，其功能为加固和承载各槫向下的压力，属"脊槫"至高点的枨为"叉手"，以下各槫的枨叫"托脚"。斜枨尺度不大，且相继顺次排列，位于侏儒柱的两侧，其貌不扬，但重要性不言而喻。考证中国古代建筑史可知，自唐代以来的大型宫殿式建筑皆以"叉手"承接桁檩，"叉手"乃是"人字形"坡顶造型的主要结构节点。不过，随着建筑技术和新材料的运用，"叉手"和"托脚"在清代大式大木作中已不多见。明清以来，地方民间的小式大木作结构中常出现"叉手"和"托脚"，主要原因在于此类方式非常适宜民间营造条件和环境，是民间建筑"宜用"原则的体现。以东楮岛具有百年历史的海草房木作体系为例：

其一，从建筑结构形态学的角度分析，海草房小式大木作结构以"脊槫"为顶点，以开间进深为跨度的梁作底边，选择方木或圆木连接梁两端，即所谓的"托脚"。因为海草屋面不需要像古建筑瓦作屋面一样处理成曲线造型，所以"叉手"与"托脚"合为一体，只需一根斜枨替代其功

图4-11
民间建筑没有官廷建筑的烦琐结构，也缺少宏伟壮观的气势，它们所表现的功能就是营造的全部。住宅是起居的设施，节省、结实、耐用才是传统民居营造的主要原则。

能（图4-11）。由此可见，将复杂的建筑结构简易化、实用化是民间匠作的智慧表现。整体来看，海草房三开间建筑需设置两个"八字木"梁架，以檩条贯穿整个面阔连接起来；五开间则需四个梁架，每个梁架上面的"八字木"造型一致，受力均匀，成为苫作笆板安装的基础结构。

其二，从建筑结构比例的角度分析，"八字木"的设计尺度不一，可依据老辈经验所得的公式来计算，确定进深和三角形的高度，也就可以精确地算出斜枨的长度，而木作结构的匠作尺度必须按照建筑明间面阔及檐柱口径为标准。不过，有些匠人在施工过程中也有其他公式和口诀。据宁津所的张来群回忆，老一辈木匠们都遵循古老的比例计算公式，海草房的"八字木"三角形各边尺度以梁为基准，其口诀为"一尺大梁七寸叉手"，即梁的尺度作为叉手斜枨的模数，如一丈长的大梁，其叉手边长为七尺。按照这个公式得到的三角形非常稳固，而且是等腰三角形构造，底角往往大于45度，利于海草屋面的排水。

其三，从工艺学的角度分析，"八字木"主要材料是松木，有用圆材的，亦有使用方材的，这个三角形结构里斜边与梁的结合非常重要。叉手斜枨的两端处理成榫头，大梁之上有相应的卯眼，安装时处理好卯榫结构即可，并在上梁之日以滑轮吊索将其一并举至南北檐墙端。"八字木"因象形汉字"八"而得名，并在当地民间普遍流行，也体现出民间匠作手工艺文化的传承方式。"八字木"的安装与制作十分讲究，斜枨与横材、竖材与横材之间的连接必须依靠卯榫，不能有铁钉或金属物件揳入。"八字木"的斜枨由两根圆木或方木组成，每一根直径在20厘米以上，两端均做出榫头；两根斜枨上端榫头插入"好汉子",即脊瓜柱的侧面卯眼;下端直接与梁相连接,梁朝上的一面做好卯眼,斜着将叉手底部榫头扣入,两端刚好卡住,形成一个坚固的三角形构造。这个木作结构可直接放在石作墙体承重结构上面,脊檩与叉手形成了安装檩条的受力基础。民间匠作称此结构是"越压越结实",即使千斤万斤海草也压不垮。关于梁架结构的承载功能,因草房与瓦房屋面材料不同,其承载结构也有所区别。海草房使用轻质的软性屋面材料,简单的"八字木"三角形构造就能承载。瓦房的屋面材质为陶瓦,加之大量木质椽子的组合,其承载必须用"重梁瓜柱",利用多层梁架结构承担"五檩"或"三檩",增强举架的荷重能力。

二、"好汉子"的结构式作

海草房大木作以"八字木"为支撑核心,檩条和墙体起到了辅助压力平衡的作用,但是"八字木"三角形结构需要更加稳固的措施,这要依靠加固其顶点至底边中心位置的垂直重力线。如图4-12所示:一根粗壮的方木或圆木连接两根"八"字斜杵,并垂直安装在梁的中心位置,其作用相当于加强

图4-12
"好汉子"要顶天立地,上托"脊梁杆子",下杵大梁,民间营造术语的象征语义非常恰当地表述了这根脊瓜柱的功能和结构特性。

三角形结构内侧的承载力。本地称之为"好汉子",是一种具有隐喻修辞方式的民间匠作称谓。

中国古代建筑大式大木作营造没有专门的名称描述这个构件,但是有类似功能的"中柱"或"山柱"概念。所谓中柱,常出现在门庑或庑殿式大型建筑物面阔的中心点,以纵向中线为基点,"在中柱的前后(进深方向),分别有三步梁、双步梁、单步梁与它相交在一起,在左右两侧(面阔方向),

由下至上，分别为关门枋、脊枋、脊垫板、脊檩与它相交"①。然而，中柱高度自地面起直达脊檩。"山柱与中柱基本相同，只是外侧没有构件与它相交"②，而且山柱位于东西山墙之内。类似支撑脊桁作用的上部内柱还包括童柱、瓜柱（梁上矮柱）、雷公柱等，但与海草房的"八字木"中线位置的立柱相去甚远。在古代大木作建筑结构中，唯有"脊瓜柱"与"八字木"作用相同。所谓脊瓜柱是指位于屋顶山尖处直接承托脊檩或脊桁的瓜柱，在瓦房建筑屋顶木作结构里上承脊桁，下连三架梁，是脊檩、叉手和三架梁所构成三角形的高线。由此可以判断，"好汉子"是地方民间营造体系内将大式大木作的构件进行简化和改进的产物，其作用相当于瓦屋屋顶木作结构中的"脊瓜柱"，而在山东其他地区传统民居草房屋顶构造里也被称为"立檩"。明清以来，山东传统民间建筑屋顶木作结构分为两类，其一为"重梁瓜柱"，其二为"叉手与立檩"。所谓"重梁瓜柱"（亦有民间称为"重梁挂柱"）即指"五架梁"与"三架梁"的组合而言（图4-13），其结构特征与清代颁布之《工程做法则例》所述"五檩无廊硬山"建筑相同。在横跨室内进深方向的两个山墙壁上安置"五架梁"，再于其上安装"三架梁"，二者间有瓜柱支撑，五架或三架即指其总共承托几根檩条而言。明清皇家园林建筑或宫殿式建筑群中也常出现"六檩硬山"或"七檩硬山"结构。需要说明的是，施用

图4-13

这是淄博市博山区福山村内的"重梁瓜柱"大木作结构。所谓重梁，即指两个纵向平行的长短不一的梁架结构，其作用是坚实地承载檩条和屋面覆瓦，古代建筑官方术语中称之为"五架梁"。

---

① 马炳坚：《中国古建筑木作营造技术》，科学出版社，2003，第2版，第145-146页。
② 同上。

"重梁瓜柱"结构的目的在于加固屋顶木作构造性承重能力，以承担屋面大量椽瓦梁柱的压力（图4-14）。关于"叉手"和"立檩"的构造，宋代建筑常作为脊桁部位的一层结构使用，后因举高制度和举架结构的变化而逐渐消失。然而，民间草屋构造将这两个部件简化为巨大的三角形结构，从而承托所有苫层和草层的重量（图4-15）。

据张来群介绍，在山东民间传统住宅建筑结构里，瓦房多用"重梁瓜柱"，草房多用"立檩"作为承托脊檩的木作结构。海草房属于茅茨草屋这一

图4-14
瓦房的五架梁结构。

图4-15
淄博市淄川区峨庄镇上端士村的"叉手"木作结构，其特点在于两根斜枨交叉承托脊檩。

类，"八字木"所处"立檩"位置，上托脊檩，下以榫头揳入进深方向大梁之中心处，前后有"叉手"或"托脚"相交，结构非常稳固（图4-16）。海草房屋宇举架比普通瓦房高，既没有古代大型建筑的繁庑重檐，也没有江南民居建筑的灵巧木构，所有结构件的功能都是以方便、简单、实用为目的。尽管古建筑技术文献里没有恰当的概念解释，但是民间流行的"好汉子"应该是对这一结构件最好的指代，亦表现出胶东渔村民居营造的"宜用"原则。

"好汉子"的制作与安装非常简单。当确定了举屋高度之后，"八字木"结构的底边即梁的长度，再根据两根斜枨对称相交的点，便可以做出"好汉

图4-16

海草房的八字木结构位于明间与次间的中界,与横梁形成一个木作的整体。

子"各个面的卯眼和榫头。木作行话俗称"大木宜取中",木匠在建房之初确定大梁纵向的中线和中心点,以凿子凿出适当的卯眼,以便于方木的榫头揳入。有时候,"八字木"采用圆材,则需要将榫头处开成碗状,扣在圆形梁木的中心处。梁架两端的斜桁亦须以碗状相扣,并利用卯榫结构固定在"好汉子"上端两侧。刘国安介绍说,"八字木"和"好汉子"组合成整座梁架的合理受力结构,老辈木匠们将其卯榫结合方式称为"割马蹄子"。

传统的海草房梁架结构"八字木"与进深方向的梁所成角度,大约是65度,"好汉子"尺寸也较高,这两项数据是受举屋计算公式的影响。刘国安认为,"八字木"两边越陡,梁架承受的向下压力越小,这要得益于"八字木""好汉子"和大梁的等腰三角形受力关系(图4-17)。海草房具有高耸的屋面和类似马鞍或帆船形状的海草苫层,这些特殊的外表都是因内在结构而形成的。老苫匠尹传荣算过一笔账,每间海草房屋面所用的海草可达3000斤左右,高粱秸秆制作的笆板还要墁泥,再加上木

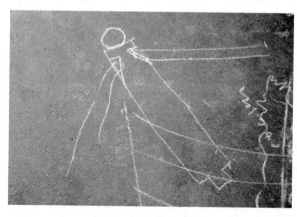

图4-17

熟悉传统营造工艺的老木匠具有精确绘图技术,虽然刘国安已多年没有制作过海草房的"八字木""好汉子",但是绘制二者的结构细节却是信手拈来。

作等构件的重量，一座海草房屋顶至少有8000斤的压力，甚至超过了覆盖筒瓦的民居建筑。无论是外在造型，还是内在重量，"八字木"、大梁和"好汉子"成为承载压力最主要的中流砥柱，难怪有"好汉子"的称谓。董久春说："好汉子，好汉子就要顶天立地嘛。""八字木"中央的竖木便是承担整个房屋的"脊梁"，这个拟人化的比喻手法用在建筑承力结构中非常形象。

"好汉子"上端直接承托脊檩，也是"接檩杆"的重要部位，其顶端设有专门的卯榫结构，俗称"挂搭"，本地老百姓喊作"印"。杉木或者松木做的脊檩一般为圆木，直径不超过15厘米，其长度不一，不适合屋面至高点的结构需要。木匠们按照每一个开间的尺度开料，三开间可需三根脊檩，其一端插入山墙上的卯眼，另外一端正好位于"好汉子"处。为了保证脊檩的跨度和坚固度，"好汉子"的顶端榫头开成碗状，并以插接榫的形式安装一根木条，木条50厘米长，上方设有两个榫头，将两个开间内的脊檩端头相对安放在这根矩形木条上，以卯榫结构加强其稳定性和牢固性（图4-18）。脊檩作为海草房建筑屋面的至高点，其跨度最长，也是承载厚重笆板和海草苫层最重要的结构。当两个屋面坡度的海草苫层相会于脊檩之上时，其厚度可达1米至2米，为了使脊檩承载受力的负荷增强，"好汉子"顶端的"挂搭"起到了相当关键的作用。

图4-18
东楮岛村一带的老辈木匠称"好汉子"顶端的矩形木条为"印"，也就是所有木作完工后再盖上的"印"。

三、"腰杆子"结构的承载功能

海草房主要以海草铺作屋面，海草苫层和高粱秸秆制作的笆板直接搭在"八字木"形成的梁架结构上，檩条是承载海草层的主要构件。檩，或者檩条，是小式大木作的称谓，按照古代建筑营造技术术语应该称为"桁"或"桁条"。"桁檩是古建大木四种最基本的构件（柱、梁、枋、檩）之一。'桁'与'檩'，名词不同，功能一样。带斗拱的大式建筑中，檩称为'桁'，无斗拱大式或小式建筑则称为檩。"[①]

海草房屋面举架体系里有一根位于屋面顶端的"脊檩"，另有八根檩以对称格局排布在屋面斜坡上，合称为"九檩"，檩的制作和安装相当简单。东楮岛村海草房桁檩构造还有"七檩"之说，就是除脊檩外屋面各有三根檩条支撑着笆板和苫层。檩属于梁架结构的横材，以黄松或红松的圆木制作，其直径一般为10厘米。有些海草房使用竹材制作檩条，都是直径在10厘米左右的成熟竹材，据说从南方通过海运而来，价格并不比松木贵多少，一般人家还是用得起的。刘国安认为，使用圆竹材作檩条有三点好处：第一，竹料韧性好，硬度也高，承担上千斤的负荷不在话下，而且不怕因年久而变形；第二，竹料型材基本不需要处理，买来就可以直接进行安装，比松木等木质材料节省施工时间；第三，竹材中空，外部坚韧，其本身的重量较轻，能够在不影响承载功能的同时减轻对梁架结构的压力。安装檩条时，预先在"八字木"上面做出榫头，将圆形檩条开卯眼结合在"八字木"上，也可以在檩条的头端以竹签子揳入，钉死在斜桄边上。若是安装靠近山墙的檩条，则直接将檩条一端插入石料墙体预留的卯眼（图4-19）；屋面中间位置的檩条需要按照如脊檩"接杆"一样的做法，将两端分别固定在两架"八字木"斜桄上面。檩条是小式大木作的统称，荣成地区叫作"腰杆子"，是一个非常具有人性化的称谓。毕家模老人风趣地说："'好汉子'需要挺直'腰杆子'嘛！"这是对海草房举架结构最恰当的比喻，使得原本晦涩难懂的建筑专用术语成为民间普遍能够理解的常识。

---

① 马炳坚：《中国古建筑木作营造技术》，科学出版社，2003，第2版，第171页。

图4-19

木梁端头直接担在墙体之上，以黄泥封固，或用石料、砖料等压
紧，保证梁架的稳定性和坚固性，这对于海草房是至关重要的结构。

此外，据张来群回忆，本地区老辈匠人普遍遵奉"东为大"的营造观
念。譬如，将"腰杆子"安装在"八字木"斜桁上，其根部必须朝着东，梢
部朝着西；将大梁安装在海岩石料砌筑的墙体上，其根部朝着北，梢部朝着
南。其原因在于：树木的根部生长缓慢，吸取水分和养料的时间较长，形态
圆实，直径粗大，细胞纤维密度较大，纹理紧凑，重量较大；梢部生长迅
速，细长且不规则，密度较小，重量较轻。在民间营造过程中，老木匠常根
据经验审视大梁和檩条，将木料沉重的根部放在北山墙或东山墙上进行安
装，既可以依靠北山墙厚重的基础来承载其重量，也是由于其木质对阴湿环
境较为适应的缘故；木质较轻、密度较小的原木梢部容易受潮而变形，将其
安装在南山墙或西山墙上，使其适应朝阳干燥的环境，可延长使用寿命。另
外一种解释是基于传统匠作的五行阴阳观念：世上万物的生长规律皆遵循
"尚东"原则（详见第二章"东为大"的空间伦理观念），建造房屋所用之
材为自然生物，其阴阳运行亦应符合万物生息之律。木生东方，其根乃阴藏
之出，属阴；木朝阳而苗，其梢为阳长，属阳。作为建筑材料使用的原木，
在营造空间内也要符合自然的阴阳法则：东西向安装檩条，则顺应太阳每日

东升西落的规律，即根部在东，梢部在西；南北向安装大梁，根部在北属阴，梢部在南属阳。由此看来，在"东为大"这个问题上，木作营造观念同前文所述空间营造观念是一致的。民间匠人善于把握空间方位与自然环境的关系，他们认为建筑是人类生养和憩息的处所，住宅建设达到与自然生态相和谐，便可以提供最好的起居生活条件。因此，空间方位符合功能匹配的原则，建筑原料符合自然生态的规律，结构尺度符合文化信仰的制度，这便是传统民间营造住宅的重规袭矩。

四、屋面木作结构与海岩石料墙体的连接方式

尽管木匠在开工伊始就制作大梁、檩条和门窗等木质构件，但是他们不用顾及安装的工序，瓦匠会在砌筑墙体的同时考虑梁架与墙体的结合。以插入檩条的山墙为例，石作墙体厚50厘米，可开凿出直径10厘米、深度达5厘米的卯眼，将檩条一端插入卯眼，并用黄泥墁死缝隙；若是将大梁的两端担在墙石的卯眼里，需考虑好墙体承受压力的结构，尽量选择整石作为承担木构梁架重量的基石。还有一种情况需要瓦工和木工商量解决，就是处理梁架跨度与出檐尺度的矛盾。梁上"八字木"斜枨的厚度有10厘米，檩条的直径10厘米，笆板和海草苫层的厚度有15~20厘米，合计在一起达到40厘米。为了

图4-20
檩条之上是将高粱秸秆用黄泥黏固的笆板，其上承担着重达数千斤的海草苫层。

解决出檐问题，梁的总体长度将约等于进深方向两座墙体的中心连线，如此才可以将檩上的笆板和海草苫层担在房檐石上，形成8~10厘米的海草出檐厚度。正是由于这个原因，在室内观察到的梁架两端，为了出檐方便而深深嵌入南墙和北墙之内（图4-20）。

　　据刘国安介绍，传统的梁架结构不用刷漆，有些人家的大梁直接用红松原木，甚至树皮也保留着。然而，没有经过任何防潮防腐处理的大木作，却可以多年保持完好，原因就在于厚厚的海草苫层。海草密集成束，加之苫作工艺将其紧紧"抟"成整垛，上下方向层层重叠也有效防止日光和雨水的渗入；海草苫层和高粱秸秆的笆板结构都用墁泥技术进行封压，阻止了部分潮气侵透屋面；厚达50厘米的海岩石料墙体也具有保障室内干燥的作用。因此，本着经济节约为主的建房原则，东楮岛村及其周边地区对于梁架结构和木作体系要求不高，"结实"和"耐用"成为选材和工艺的主要目标。为了海草房在这个四面环海的岛上禁得住海风和雨水侵袭，建筑的每一个施作工序必须紧密相连，环环相扣，确保材质与结构的稳定性。海草房承载结构分为三段：石作墙体基础、苫作屋面铺层和二者之间的梁架木作结构。尽管木作梁架的各个部件"八字木""腰杆子""好汉子""脊檩"等施作面积较小，也不费工费料，却是整个建筑承上启下的重要节点。通过一些废弃或半拆除状的海草房可以看出（图4-21），植物材料为主的屋面结构处于木构体系之

图4-21
　　"八字木""好汉子""腰杆子"是荣成地区传统民间匠作对海草房梁架结构的俗称，三者相互衔接、相互实现力的作用，为屋面承重和墙体分解压力起到承上启下的重要结构功能。

上，截面平视形成了等腰三角形；若以正面视角观察，便可出现开间与檩条组成的线面体量，即三开间两架梁、四开间三架梁；屋面木作与承担其重量的石作基础之间需要连接稳固，即"八字木"两端平行放在房檐石料之上，或者与青砖组砌相结合，利用黄泥填实连接处；传统海草房多采用间距1米左右的檩条组合，匠作称为"五檩杆""七檩杆"或"十一檩杆"，其中脊檩位于屋面顶点位置，再顺着叉手斜栿的方向对称排列两根或三根檩。从受力结构方面分析，梁架结构中檩条越多越结实，但民间为了省材料省工钱，常减少中间的檩条数。此处存在不同工种的认识问题，与木匠的观点不同，苫匠们认为承托海草的关键在于笆板，并不在于木质架构，尤其是"拉笆子"过程中高粱秸秆的排束密度与扎结强度。苫作工艺常在后期运用墁泥技术将高粱秸秆封固严实，其作用相当于现代意义上的细木工板笆层。木作结构只是承托笆板的骨架，木作梁檩的数量和重量增减不会对屋面造成影响，只需保障固有的间架结构承载能力即可。

传统四开间海草房建筑屋面约有上万斤海草和五千斤麦秸，以泥封固成板式的笆子可以缓解向下的重力，仅从苫作方面分析，简单的"八字木"和"腰杆子"结构能够承载。减少木结构的数量虽然可以减轻对房屋基石的压力，但是增加了木构支点对石作系统节点的压力。这就是我们常常可以在梁架支点下面看到砖作基础的原因。为了减缓屋面对房间结构的压力，海草房靠近山墙的檩条皆直接插入墙体石料内，借助深厚的墙石结构分担屋面压力。屋面的施力方向垂直于地面，不是直接作用到单根檩条上。因此，依靠三角形受力结构和檩条笆板的缓冲，简单的木作结构也可以支撑上万斤重量的海草屋面。

总而言之，将海草房三个结构体系综合起来看：其整体受力结构以石作为基础，包括地基石作、墙根、斗子石等，这些厚达50厘米的坚硬海岩石料成为建筑历经风雨百年不垮的主要原因；屋面软质材料以海草为主，经海水浸泡且表面生长有"屑"的宽海草和细海草，以及高粱秸秆墁泥而成的笆板层，则是抵挡雨水侵袭、排水和御寒挡风的主要结构；在上述两个主要功能结构层之间，具备承上启下作用的就是木质梁架和檩条。横跨房屋进深的大梁与"八字木"（或称叉手），成为万斤海草屋面作用于墙体石作基础的主要承载结构，木匠、瓦匠和苫匠都对屋顶的木作工艺格外重视。此时回味"掌尺的"董久春老人的比喻，确实能够理解木作作为建筑骨骼结构的意义。一般来说，海草房外观给人的印象就是海草覆盖下的石头房，唯有真正的匠人才能意识到用料极少、用工也少的木作在建筑中的地位。难怪宁津所一带的老辈匠人常说："折了梁可不好，折了梁全家都遭殃啊！"这并不是一句迷信的谶言，其内涵是警告匠人和住户重视木作梁架结构的材质、工艺和功能。

五、东楮岛村海草房的上梁风俗

在没有机械化设备的年代，将"八字木"和"好汉子"组成的木质梁架举至屋檐部位进行安装，可谓是一道大费周折的工序。不过，上梁是海草房建筑过程中最为重要的环节，关系到房屋上下部件之间的稳定性和坚固性。因此，"掌尺的"要求瓦匠、木匠和小工们都要上阵，甚至找来东家的亲戚朋友或者左邻右舍帮忙。大家齐心协力，利用简易杠杆或绳索滑轮将庞大的"八字木"梁架拉上去。滑轮设在墙体两侧，分别由小工们扯住，大家托住梁木缓缓往上升；瓦工在山墙房檐位置接住上举的梁木，并迅速安装好墙体和梁端的卯榫结构，墁泥封死，加固稳定。随后在木匠的指导下，顺次安装脊檩和其他的檩条。

"既然在上梁时惊动了大伙，主家自然是要酬谢一番，上梁大吉嘛。"毕家模老人回忆说。旧时候，岛上富有之家极少，许多村民是一个船上的伙计，大家知根知底，谁家盖房子上梁，都会相互帮衬着。上梁这天简单的仪式必须要操办，不需要多么铺张，无非请大家吃点好的即可。首先，由"掌尺的"安排上梁吉日这天的程序，为清晨开工做准备，中午11点半开始拉动滑轮绳索举动"八字木"梁架；其次，安排瓦工和小工务必在12点前安装完脊檩构件，其他的檩条可以按照需要下午再安装；无论工程进度如何，中午12点要请东家准时燃放"落地的大鞭"，也就是较长的大鞭炮；最后，东家招呼大家按照近亲、好友、工匠、族室等各自顺序，依次入席，并请族内或村里的长辈来主持，工匠们成为宴席的主宾。

图4-22
　　"上梁大吉"是我国传统民间小式大木作营造过程的一种信仰，红纸黑字表明建房子是民间生活的大事，是吉事，上祭神灵，下慰世人，传达着民间对建筑和居住的重视。

　　仪式进行过程中要把握一个度，宴请时间要得当，切不可耽误下午做工；庆贺饮酒要适量，切勿贪饮误事。按照老辈传下来的规矩，梁上面要贴张写有"上梁大吉"的红纸（图4-22）。此外，东家还要请"掌尺的"或者瓦工帮忙，在安装脊檩时挂上一个物件——本地称为"彩布"的东西。上梁施工时，瓦匠们在大梁正中位置捆上一块红布，以红线缠住红布，并绑住两双红筷子吊在前面。这用红线绑的红筷子和"彩布"都要用"地钱"压在正房正中最高的脊檩杆子上。老人们常讲，"拉平杆子，才可放鞭"，指的就是放平脊檩，挂好红布并绑好红筷子这一道程序。所谓红筷子，就是过年烧香发纸时用的红筷子。本地风俗，过年时要发纸，小年祭灶、年三十敬"天地"，都需要供奉饺子、烧纸、上香、磕头。年三十晚上11点半，发纸，放鞭。亲戚朋友聚在一起，一盅茶一盅酒，一碗饺子一碗饭，三双红筷子，斜插在碗上。通常先包饺子，再发纸，发完纸再吃饭。那个时候每碗饺子上面都要摆一双红色的筷子。此外，早年的东楮岛村民每次出海之前都要烧香祭拜海神，要用到红筷子；谷雨节当天，拜海神庙祭祀海神娘娘（妈祖）和龙王，也要用到红筷子。毕家模老人说，上梁时用祭拜敬神的红筷子是为了图个吉利，这过年敬神用的红筷子最为尊贵！红筷子都是用竹子做的，平时放在碗柜里，不能随便用。

　　"掌尺的"董久春曾经亲自为东家做过这类上梁仪式，他为我们演示了如何操作挂红布和绑红筷子。

　　瓦子将红布和红筷子挂在脊檩的中心位置，将红布用"地钱"钉住。首先要在脊檩中心位置刻出槽口，用"地钱"将红布插进槽口即可。"地钱"就是古时的铜钱或制钱，中心有方形孔，将红布的一小段穿过孔眼，再挤入脊檩的槽口内，用凿子在孔眼里凿一下，就把地钱和红布都固定在脊檩上了。然后，直接通过"地钱"穿红线，一根红线的两

图4-23
董久春是当年有资格在梁上"挂红布拴红筷子"的"掌尺的"，尽管现在没有了"制钱""红线""红布"，但是做演示的时候他依然一丝不苟，认真完成每一个礼仪步骤。

端绑着两双红筷子。红布约一尺见方，红线略长，绑着两双红筷子一起垂下来，后面有红布作为背景，用地钱将红布钉在脊檩杆子上（图4-23）。需要强调的是，红布与红筷子一旦挂上去，便不可摘下或移动，除非是搬迁拆房子。董久春解释说，若是随意摘下这套设备，你需要把"地钱"从脊檩上拔下来，这相当于摘走了"钱财"，（预示着）对东家不好。做过大梁结构的木匠刘国安补充说，拉出红布垂下红筷子，用"地钱"钉在屋脊上面，这个位置很有意义。海草房若是三间屋，中间为明间，位于两个梁之间；脊檩是明间的中心，亦为至高点，这个空间位置对于住户来讲是十分重要的。老人常说，使地钱

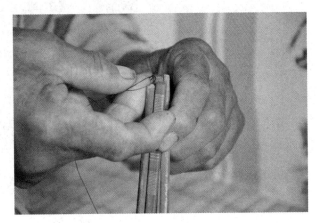

图4-24
拴红筷子有很深的人生礼仪内涵，人们认为这一步骤关系到海草房居住者的命运，因此系线和穿扣都要仔细规范。

167

挂红布喻示着家里不缺钱，而红筷子则象征着家中的小孩子好养活，长得快（图4-24）。"筷"与"快"谐音，比喻"快快生钱"。上梁是喜事，所以都用红色来表示喜庆。

毕家模回忆说，盖房子上梁这套仪式过程中没有上香的，只放鞭炮，红布与红筷子钉上以后，大家就都来喝酒。老木匠张来群记得曾参加过的几场上梁仪式，木匠把"八字木"与"好汉子"顶部相交的位置安装完毕，顺好了接杆用的卯眼，这才算是梁架举好了。此时，"掌尺的"或者匠作中的年长者喊一声："拿印来！"这个"印"便是"好汉子"顶端的"挂搭"（图4-25），老辈称其为"官印"，盖上"印"才能放鞭炮。梁上好了，脊檩安装完毕后才放鞭，这套工序不完不能吃饭，需要"掌尺的"把握时间和进度。盖房子是大事，尤其是上梁当天，东家请客喝酒的时间也就长了。那些来帮忙的亲戚朋友，还有石匠、木匠、瓦匠和小工都要喝个痛快，唯独苫匠不来

图4-25
如今在破旧的海草苫层下，还可以见到所谓的"挂搭"，也就是稳固脊檩的构件。

参加上梁仪式。苫匠们要等制作苫背时，拉笆子墁上的泥干了，才来苫海草。董久春回忆说，上梁请客东家要做蒸糕，准备十多个菜。桌子不够用，就将门板用凳子撑起来，当作桌子。蒸糕是用秫米（小黄米）面蒸的，可以送给邻居或亲戚朋友吃。蒸糕是圆形的，顶上捏个尖儿，好看也好吃。喝酒的时候，东家要发个话："大家吃好，谢谢大家来帮忙，帮俺省个工。"当然，东家不让工人喝多了，下午干活也要注意安全。

上梁的时候，一边一个工人举杆子或者拉绳子，把梁吊上去。梁有圆的也有方的，两个人用绳子和滑轮往上拉，梁的两端也有绳子拉着，防止倒挂打着人。"掌尺的"负责监工，并指出梁架安放的地方是否合适，尺度是否准确，脊檩或檩条安装是否规范。上好了梁，村里辈分较高、年龄较大的老人都要去看一下，对新宅的选址审视一番，评论一下建筑的格局和样式。

第二节　木质门窗与屋壁子

清代工部颁定的《工程做法则例》将内墙、隔断、门窗、栏杆、天花藻井、陈设、家具等统称为"装修"，而《营造法式》则称之为"小木作"。门窗隔断制作工艺虽不属于整座建筑的承重体系，但对内外空间功能的实现，以及建筑装饰和使用方面起到了不可或缺的作用。传统民居建筑更加重视这些所谓的"小木作"，这与使用者的切身利益息息相关，亦是生活方式与风俗习惯的主要体现。海草房的小木作由院门、大门、楔窗、隔断、"仰棚子"、家具与陈设等组成，相关工艺细节和营造法则凸显出海岛渔村的人文特征。

一、小楗子窗的木作工艺

以东楮岛村为代表的荣成地区海草房建筑开窗较少，北山墙和东西山墙上极少有窗洞，这是本地区特殊的海洋气候和地理环境使然。传统海草房的窗户集中设在南面山墙，四开间的正房在每个次间均有窗，厢房一户一牖。

那些年代久远的窗棂格式,本地人称作"小棂子窗",普通人家选择红松制作窗户,讲究材料档次的选用楸木、杉木等(图4-26)。做窗的尺度标准需按照瓦作预留的窗口来进行。木匠在建房之初便听从"掌尺的"规划,与瓦匠共同设定好槛墙、"过门"(窗楣或门楣)、窗框的具体尺度。董久春曾是确立尺度和协调木匠瓦匠工作的"掌尺的",当年他指挥瓦匠在距离墙根90厘米或1米的槛墙处安装窗框,大小可以根据墙体特点而定,一般是做到140厘米宽,高度为1米左右。待瓦匠们垒作出窗洞后,木匠便指挥瓦匠安装窗框,而棂子窗可以在瓦工全部结束后,与门一起安装。本地老匠人还有"安窗大吉"的传统说法。据说,安窗安门是仅次于上梁的重要工序,直接关系到住户日后使用的方便,工匠们安装得当,质量过硬,这对于起居生活具有重要意义。

图4-26
这是王本凯院内的西厢房正立面,门与窗的样式传统规范,简易的结构和墨油的髹饰体现出海草房的艺术风格。

1. 窗棂结构

"小棂子窗"的大边
和抹头都是被紧紧固定
在石料窗口周缘，窗扇
为后安装的部分。窗扇
可分为上槛和下槛两个
部分：下面的窗扇固定
于窗框大边之上，且三
边均设有榫头，是无法进
行翻转活动的；上面的窗
扇部分仅有两个点进行固
定，使之可向室内打开，
张开角度可在30度左右
（图4-27）。一般人家
常将上部分窗扇掀开，
用一根杆子支住底部窗
框。为了防止外人翻窗
而入，上下窗扇可以固
定上锁。从结构上看，
窗框中央的横枨、左右
窗框和下槛，将两窗扇
紧紧固定起来。

图4-27

"小棂子窗"分为上下两部分，上面窗扇可以由外向
内旋转，下面窗扇一般均为固定的。

图4-28

棂窗结构细节。

老辈木作工艺对窗棂子的排列组合十分讲究，窗扇的竖棂为细长的方木
条，横向排列为单数，空隙均匀；每个窗扇中间以一根木条（穿带）将所有
竖棂贯穿起来，并利用卯榫结构使之紧紧相扣（图4-28）。窗扇的棂条皆取
单数，亦是来源于"小木宜取中"的说法。木匠先定中间那根棂条，再对称
分布其余棂子，于是窗棂数目总为奇数。张来群记得制作小棂子窗时，老师
傅总是用一把叫作"官尺"的尺子作为衡量标准。

以前俺这儿的木匠活都使用那个官尺子，上面一个格一寸七，一格一个字，总共有"财、病、离、义、官、劫、害、本"八个字八个格，你看那楗子窗的空当、窗子大小、门口大小、腰杆子长啊，都用这个卡。老辈的时候，东家户里有做官的，所有尺寸必须靠到"官"这一格上；有做生意的靠到"财"这一格上，还得避开"病、害"什么的。你们数一数，"财""官"都是奇数格，所以楗子窗都是单数楗子。

——2012年8月3日上午在宁津街道采访张来群笔录

图4-29
传统匠作使用的鲁班尺。

其实，所谓"官尺"就是指传统营造匠人使用的"鲁班尺"（图4-29），总长度有42.9厘米、46.08厘米、48.23厘米或50.4厘米不等，南方与北方的尺度不一，各地民间的尺度也不统一。民居建筑在营造过程中遵循"吉星卡位"的说法。以制作窗楗为例，其长宽高的尺寸均不能使用4、16、18等数字，据老辈工匠们传说，"偶数属阴，单数属阳，阳宅要用阳数"。按照鲁班尺上的星位格作为换算标准，星位如凶星、吉星、丧门星等，吉星位的格度对住户有利，而丧门星则对住户不便，木匠要按尺寸给东家占算好星格，切不可占凶星格。据张来群回忆，当年木工师傅所用的"官尺"尺度较小，大约八寸多长，每一个星格是一寸，共有八个格（旧时候，各地方的长度单位不统一，本地的"寸"与"尺"亦不同于现代的换算）。木匠们做窗户和窗楗时，按照每个星格一寸的单位或倍数制定其长宽高，如一星格、四星格、五星格、八星格占到的是吉星，三个八星格为二十四寸，五个八星格为四十寸，八星的倍数对应的是吉星，所以窗户都是二十四寸或四十寸的。而且，窗楗之间的距离必须按照吉星格的倍数来换算，窗楗数是单数，间隔数是双数，是为"阴阳并济"，造床盘炕、制作门扇或橱柜等也要按此原理。旧时候，匠人和住户都希望日常起居的建筑能够给自己带来好运，以具有古代数理、命理和算经综合知识的"鲁班尺"作为衡量部件的单位尺度，这是我国民间传统匠作营造观念的特殊性。

图4-30
海草房窗棂样式。

东楮岛村海草房建筑的窗棂结构还有另外一种说法，以"16棂"和"14棂"为主："16棂"是指较大的窗扇棂条间有16个空格的，"14棂"是指13根窗扇棂条间有14个空格的。此处，有两种观念分析棂条与空隙之间的关系问题。其一，以棂条为主确定窗棂结构，取中为准，均匀排列，便于制作；其二，以棂格空隙为主确定结构，其数皆偶，注重透光与透气。亦可根据窗棂多少确定窗扇大小，如海草房院落北屋正房的窗户较大，其窗扇可有18个棂格，而厢房的窗扇都是12个棂格。村里老人们认为，不论窗棂子多与少，棂条之间的空隙不能太大，空隙小便于糊作窗户纸，还能防贼。董久春说，窗棂之间的空隙距离为9寸左右，张开手勉强能够伸进去。当手握住某件东西时，拳头状的面积随之增大，则很难从棂格中间退出来。由此可见，一件"小棂子窗"却包含了许多生活中的趣闻和哲理，民间传统匠作的设计完全是以"宜用"为目的，充分利用各种形式和结构达成实用的功能（图4-30）。

2. "窗耳子"挂"雨搭子"

明清时期的民居极少使用玻璃材质，一般人家都是糊一层窗户纸。东楮岛村老人都记得，以花生油或者桐油刷涂窗户纸表面，可起到防潮防蛀的作用。但是，海岛气候多变，时常狂风大作，暴雨侵袭，单靠一层窗户纸是很难阻挡雨水和寒风的。当遇到极端恶劣天气时，有些人家选用一块木质面板，直接挡在"小棂子窗"外面，避免雨水渗入。久而久之，大家都备上了这种面板，称其为"雨搭子"。"雨搭子"的做法很简单，选择尺寸适当的松木拼板，以圆木轴连接其上部，并于两端开榫头。用时，将其直接挂在"小棂子窗"外；不用时，可拆卸下来任意放置在屋内一角。关键在于悬挂"雨搭子"的设计构件。为了使"雨搭子"能够灵活悬挂或拆卸，在棂窗上端设计出两个"耳形"木件，一边一个承载"雨搭子"的榫头（图4-31），本地人起了一个非常形象的名字——"窗耳子"。

图4-31
小棂子窗框的两侧安装有"窗耳子"，这是一种挂放雨搭的构件。

"窗耳子"分列于窗框左右两端，造型以曲线为主，侧面看上去由三段弧线组成，像一朵云彩般挂在窗前。当然，这不是一件装饰物，其上端弯曲如半环形，可以容纳"雨搭子"榫头在内，保证转动方便及打开任意角度（图4-32）。下雨天里，将"雨搭子"的圆轴搁在"窗耳子"上，用一根木杆撑将起来，有效地

图4-32
小棂子窗的"窗耳子"。

防止雨水淋湿窗框木结构和窗户纸，亦不影响室内采光。这些特殊的设计方式都是本地村民生活经验的反映，"雨搭子"和"窗耳子"两个构件亦可以说

明传统的民居营造观念以"宜用"为根本。

3."窗台石"与"窗过木"

关于窗户的组成，还有一件需要瓦工制作的物件——"窗台石"。砌墙体石料时，遇到需要安装窗户的地方，瓦匠便选择条形块石砌于槛墙上面，这就是本地人常说的"窗台石"。窗台石承接窗框跨度（图4-33），其尺寸比墙面其他石料较为狭长，这种石料是石

图4-33
窗台石是专门挑选海岩石料打造的构件，其作用是承载窗框，实现窗口结构的稳固性。

匠在整理海岩过程中特意留出的。窗框的长度一般大于140厘米，按照受力要求，其下面的承托石料必须狭长而坚实。使用雷管炸海岩石，会出现各种形态的石料，石匠们格外注意那些较大的海岩石料，精心挑选长5尺、厚4寸（约15厘米厚）的整块长条石料，并避免其表面有裂痕和腐蚀。作为窗台石，

石料本身必须完整，亦不可分段砌作窗台。因此，从建房材料的供应方面看，窗台石都是单独出售，其价格明显高于墙体使用的各类石料。

窗框结构的上层设有一根横木，其长度和厚度与窗台石相当，本地土语称作"窗过木"或"过木"。其实，就

图4-34
"过木"位于窗框的上方，其作用是减小窗口石料对窗子木作结构的压力。

是指窗楣（图4-34）。窗楣即窗上之横梁，在木作构架建筑中作用不大，然而对于石作建筑却相当重要。海草房窗户的位置处于南山墙中央，窗框结构被石料封在墙体内部，尽管工匠在处理不同材质结合时，考虑到了热胀冷缩或相互排斥等问题，但是石材与木材受到压力后会呈现不同状态。为了减少日后因材质差异而引起的建筑质量问题，选择某些适宜的结构可以缓解

矛盾，这是手工艺时代简单有效的办法。由海岩石料包封的窗框木结构，随着时间的推移和气候的侵扰，会出现变形、崩裂、密质松散等情况，这根厚重的横梁成为窗框免受石料挤压的保障。东楮岛村老人们十分看重杉木做的窗楣，认为杉木韧性比松

图4-35
东楮岛村北街"伙山"海草房的窗棂样式。

木好，具有承受重压的能力，是做"过木"最好的材料（图4-35）。后期建房过程中，村里有人曾用石头砌"过木"，现在分析起来却是对窗框结构不利的，而且加重了整栋建筑的负荷力。

二、门的木作工艺

在中国古代建筑营造法则里，门的工艺和设计具有非常重要的地位。《尔雅》曾将门的各个部位详细记录下来："枨谓之阈，柣谓之楔，楣谓之梁，枢谓之椳，枢达北方谓之落时，落时谓之戾。"[1]根据后人注疏，古代建筑的门由门限、门框、门楣、门扉、户枢、落时等木结构组成。阈，即门限，是现在民间常说的门槛，礼制规定其为门的纵向中心线，其内为家，其外为野，

---

[1] 阮元编撰《十三经注疏》，上海古籍出版社，1997，第2597-2598页。

图4-36
海草房的大门样式。

图4-37
临街建筑多为广亮大门，有廊心和门
阁，木作多用墨汁和桐油涂饰。

《曲礼》云"不践阈"[①]；门两侧的框木被称作"楔"或"枨"；门楣，即户
上横梁，专门固定户枢之用，户枢就是门轴；落时，是紧固户枢与门扉之构
件。目前，在传统海草房的木门结构中还能发现这些内容（图4-36）。

1. 门槛与门转

按照传统匠作的尺度标准，东楮岛村传统海草房的门有门楼式院门，"倒
房子"、厢房、正房的大门，以及室内隔断的门等三个类型。门的尺度一般是
2米左右高，分别有160厘米、150厘米、140厘米宽（图4-37）。传统木门结
构包括门扇和门轴，并被门枕和门楣紧紧扣在一起。门扇与门轴做成一体，
门轴为直径10厘米的圆木桩，其上端插入门楣之内，其下端以铁皮包裹，嵌
入门枕石内。东楮岛村很少有大型宅院，其门楼规格皆不高，门枕石亦没有
狮子造型或复杂的雕刻等装饰。本地称门枕石为"门转"，石匠会按照各家

_____

① 朱彬撰《礼记训纂》，饶钦农点校，中华书局，1996，第15页。

大门的尺度，选择青石进行磨制。"门转"属于三维圆雕效果的坚硬石作，建房使用过的海石很难符合要求，石匠会吩咐东家去集市上购买。若是大门较宽，可以并排放置两块门枕石，以减少门槛的跨度（图4-38）。门枕石上端磨制出碗形凹槽，门枢（轴）直接在碗形凹槽内转动，以满足门扇的开阖。门框结构分为上门槛和下门槛两部分，均为松木制作。下门槛紧贴着"门转"，以20~30厘米高的横木拦截在两门扇之前（图4-39）。

图4-38
门枕采用木质或石质，门轴靠上门槛和门转固定。

图4-39
海草房传统院门样式。

现在有些人家将下门槛拆除，或者做成可灵活拆装的样式。王伯清将其下门槛两侧分别锯断，使门槛成为一个倒梯形的横木卡在门框之间（图4-40）。据他所说，老宅院的门槛都是固定的，出入都需要抬腿跨过。几年前他的老伴患病瘫痪在轮椅上，为了便于轮椅出入，就在老门槛中心位置开槽，做成可以拆装的槛板。据毕家模回忆，大约30年前，村里人开始打破

图4-40

随着生活方式的变迁，村民因起居和生产需要，将传统的门槛进行了改造。王伯清特意切割了门槛，使之可以灵活安装和拆卸，以便患病的老伴坐轮椅出入。

图4-41

门槛下的猫道。

"门槛的禁忌"，不相信早年"门槛关乎主人命运"的传说。人们开始为方便出入而进行大规模的改造行动。如今村里都富裕了，家家都有运货的小推车进出大门，门槛已经不适应生活和生产需要。东楮岛村73岁的王咸忠老人说，传统社会里门户内的门槛对于身份识别相当重要，寻常百姓不可以建门楼，更不能有高大的门槛，做出6寸的门槛已经是不错的了。古时候，其他村里有信佛的，他们捐建的寺庙建筑门槛为7寸高；还有信道的，道观的门槛为8寸高，所以这个地区有"七僧八道"的说法。关于门槛，还有一个非常有生活情趣的"设计"。譬如王伯清家的下门槛，横木底下设有5厘米左右的空隙，这是专门请木匠设计的，并不是改造的。他说："过去俺们这儿将门槛下的空隙叫作'猫道'，家里都养小猫，它需要个通道出入，不是吗？"（图4-41）

图4-42
门簪是上门槛的装饰构件。

图4-43
门簪样式。

2. 门簪与门搁子

上门槛即门楣之上的木构件部分，其中包括门框、门簪、门梁和"门搁子"。在木门的开启功能结构里，控制门轴的上门槛以门楣为主要部件，利用木作的卯榫结构固定门轴头端于凹槽之内。在此，对于整个大门的结构来说，门框与上门槛的固定也是非常重要的，一般需要通过"门簪"进行连接。所谓"门簪"，就是指在院门的上门槛中间部位突出的销钉件，数量根据家庭条件或社会地位一般为两件或四件，其功能是作为销钉连接门框与门楣部位（图4-42）。东楮岛村海草房的院门门簪通常用红松做成，造型多种多样，以圆柱形和六边形为主。门簪与上门槛相连接的部位，常雕刻出植物纹样的盘子图形，或者花草枝叶等图案，雕刻造型既起到加强结构的功能，又具有装饰门面的美化作用（图4-43）。门簪可以把门框和上门槛构件贯穿钉住，也具有加固门轴的作用，属于门的重要附件。据毕家模回忆，传统海草房的门簪非常讲究，若是四个门簪，就用金水（粉）在其圆心位置分别描上篆字"福禄寿喜"（图4-44），加上黑漆映衬，成为装饰门面的最好方式。大门内上方有两块板子，叫作"上槛装板"或"门搁子"，具有摆放杂物的用途，还可以防止有人翻门而入。

3.门板与门闩结构

门板的制作往往选择多块长条厚木板为原料，可以三至五块并列组合，拼板的样式按照家具面板的做法进行连接，木匠会制作出"穿带"将板子紧固在一起。有经验的老木匠都会制作"梯形榫"，也就是家具结构里的燕尾榫，在厚3厘米的面板上开出"倒梯形"槽，以穿带榫横贯拼板背部使之成为一个整体。本地区民间将这类简易的传统门板样式称作"板子门"（图4-45）。东楮岛村的板子门均刷大漆，保护门扇不受气候和潮湿的影响；有些门板做成攒边结构，其大边和抹头以45度斜角插肩榫进行结合，如传统家具的面板结构一般。

图4-44
门簪常被雕刻成各种吉祥造型。

图4-45
海草房院门样式。

图4-46
门闩与门板的结构。

传统"板子门"的匠作智慧主要体现在门板背后的门闩结构（图4-46）。门的作用有三方面，一是防盗，二是防风，三是防止外人，特别是小孩子任意出入。因此，传统的"板子门"在门扇开关和锁的设计方面十分巧妙。

首先，在大门中上部利用"关（土音'拐'）门"构件和门钹作为第一道锁。门钹是一种铁质配件，为五星或者多角形状，中间设有门环（图4-47）。当手握住门环左右转动时，门环连着门板背后的一根木条，木条由于门环的带动而产生上下运动，可以将门扇闩住，这根极为重要的木条和门环结构被当地人称作"关门"（图4-48）。王伯清为我们演示了"关门"的作用：在农村经常可以遇到这样的情景，家中有人需要临时外出，但是时间并不长，由于锁上大门对家中年幼的孩子不利，需要临时闩上门扇，以防止孩子走失。于

图4-47
门钹。

图4-48
门拐与门钹的连接结构。

是，在不用上锁的情况下，外出的人仅需转动门环，连带"关门"如门闩一样卡住两个门扇，却又不影响回来后直接开门，这是非常方便的设计构思（图4-49）。

图4-49
紧闭门锁的院门。

其次，"板子门"还有第二道锁，位置在两个门扇的上部，利用门楣和门扇的关系，以长短两条锁链交叉锁住，这就是"门搭头"（音）。王咸忠解释说，这道锁的方式其实就是门吊扣，左门扇靠近边缘的位置钉上一条较长的铁锁链，右门扇钉上一条较短的，紧闭门扇后，将长锁链穿过短的，锁在门框上面的吊扣里（图4-50）。这道锁主要用于主人长期不在家中而关门闭户。

图4-50
传统门锁样式。

第三，另一种锁就是上下两根门闩，可以互相插入门扇上的凹槽，如此外来人员很难进入室内。王咸忠讲了一个很有趣的故事：过去村里流动人口很多，都是外地打鱼的在岛上休息。东北地区的渔民有钱，却经常大大咧咧的，他们住在岛上租来的院里，插上门闩就睡觉。小偷很机灵，寻一根细铁丝，从门缝里探进去，轻轻拨动两根门闩，很容易就把大门打开了，偷取了渔民所有的财务。后来，村里老人提到传统"板子门"设有一个机关，是一个非常小巧的条形木楔（图4-51）。当门扇两边的门闩互朝相反方向插入凹槽

图4-51

为了防止门闩被拨开，在门板背后的位置设计一个木楔件，当闩横枨紧闭后落下木楔，可以起到卡住闩横枨的作用。

图4-52

王咸忠记得东楮岛的老人们称呼木楔件为"勾死鬼"，大概是能防止鸡鸣狗盗、鬼魅伎俩等一类事的发生。

后，它就会自然垂落，位置正好卡住门闩（图4-52），本地人都称其为"勾死鬼"。用条形木楔顶住门闩，即使从门缝里探进铁丝、钢锯片、刀具等工具，想要轻易拨动门闩是不太可能了，民间俗语"勾死鬼"的语义就是"勾死"那些贪得无厌的"小鬼"。

4. 门的风俗

传统民间起居文化重视门在空间中的作用，更加注重其在生活中的精神意义。在传统的节令民俗仪式里，院门、正门和大门都是需要装饰和敬重的，譬如大年三十贴年画、贴对子等。按照东楮岛村老辈传下来的风俗，每年农历五月初五端午节的清晨，家家都要早起，将前一天找来的"苇蒿子"（艾草）和"桃枝"插在院门和大门的门楣之上（图4-53）。王伯清说，东楮岛东部的土壤较为肥沃，曾经有大片的植物生长，不难找到桃树枝或者艾蒿。从地里摘的桃树枝和艾蒿需要整理干净，淋点水，使其清清亮亮的，并排插在门楣上。村里老人们都认为，这两样物件既可以趋避毒虫，又可以禳灾辟难。王咸忠老人回忆说，常言"桃"具有幸运的意义，民间取"桃"与"逃"谐音，插个桃枝能够"逃"灾。"艾蒿"就是艾草，端午节这天大家都会在大门上插艾草，东楮岛村称其为"艾蒿子"。村里老人说艾草有治病的疗效，旧时候医疗条件差，谁家小孩子身上起"鼓子"（土语，即水泡），可以用这种艾蒿煮水清洗，水泡就好了，而燃烧后的艾蒿还可趋避蚊虫。

图4-53

五月端午节插艾草，这是我国各地普遍的节令风俗。

东楮岛村的建筑规划比较集中，三条主要街道紧密相连，致使许多宅门彼此相对，于是形成了大门的另外一种风俗。有人说，门冲着门会对主家不利，对面的门会"冲"了自家的大门，可以在门楣上悬挂镜子进行禳除。不过，这个风俗是近些年形成的，与岛上来自东北地区的住户有些关系。毕家模老人说，早年东楮岛民居没有开北门的习惯，分家套院也少，基本不会出现街道两边相对的院门，门楣上悬挂镜子根本不是东楮岛的传统风俗。以往过年，村里家家户户喜欢找有文化的人或者长辈写个"对子"（对联）贴在大门的门框上，内容无非是"吉祥如意""招财进宝"之类的吉祥

图4-54

过年贴对子。

话。传统的海草房门框较宽，对联的尺幅宽度根据门框而定，对联通常不能贴在门扇上，否则会导致大门门扇表面的油漆脱落（图4-54）。

三、屋壁子的功能与制作工艺

图4-55
正房明间内的"壁子"，起到了隔断的作用。

图4-56
"屋壁子"与"八字木"结合在一起，边缘处以木作卯榫结构相互固定，传统的海草房室内隔断都用杉木制成。

前文述及，东楮岛村海草房正屋空间的格局，在没有出现分家和套院情况之前为五开间，明间南墙有正门，进门后东次间与西次间分别以木质隔断隔开，形成建筑伦理意义上的"东炕西炕"，这是胶东渔村特有的空间功能识别（图4-55）。这类木质隔断多由红松或白松制成，在石作工程结束后，木匠会根据开间大小以及室内进深的尺度进行制作和安装，本地土语称其为"壁子"或"屋壁子"。

董久春曾经说过，因为海草房墙体较为厚重，不宜在室内垒筑隔断墙，所以用厚度较薄的木质隔断非常适宜空间的拓展。"壁子"是属于装修的范畴，瓦匠们只负责定位和提供尺度，其余的工程由木匠来完成。从室内空间的整体结构分析，"屋壁子"位于横向正房明间与次间的中心位置，厚度仅有5厘米，处于明间的灶台与次间的炕之间。壁子制作为通高样式，起自地面上经过灶台边缘的横向中心线，壁子上端纵向大边直接以卯榫结构连接大梁（图4-56），其长度等于室内总进深。

　　"壁子"设有门窗结构，窗在南，门在北，窗口之下就是灶台，靠近北山墙以两根木桩作框架开90厘米宽的门口（图4-57）。东楮岛村民称"壁子"的窗口为"灯窝子"或者"眼窝子"，窗口为边长30厘米的方形框架，有些人家还为其设计了一个可推拉式的窗罩。窗口的结构为竖桩连接横木，底边有凹槽轨道，也有较宽的窗台可以摆放油盐酱醋之类的生活用品。毕可淳认为，"灯窝子"的称谓主要是来自节省起居用度的缘故（图4-58）。旧时候，东楮岛村灯油很贵，不是一般人家可以经常使用的。海草房正房空间狭长，为了使室内光线均匀分布，明间和次间

图4-57

　　壁子也可以作为厨房"吊柜"来使用，漏勺、箅子、刀具、炒锅等生活起居用具都可以挂在壁子表面。

图4-58

　　在东西次间内，"壁子"起到了隔音、防尘以及保护卧室隐蔽性的作用。

两个区域可以共同使用同一个光源。壁子窗口上方的横木中央有一个钉子，可以悬挂煤油灯，利用窗口透光，使明间和次间都能明亮起来。当然，次间属于"凿壁取光"，其亮度自然不若明间。毕可淳解释说，岛上居住的都是渔民，白天出海打鱼，也有几天几夜在海上漂的时候，回到家里就是吃饭睡觉，对灯光的要求不高。正房明间是会客、议事、做饭、吃饭的主要空间，灯光需要明亮，而次间主要是寝卧功能区域，不需要太亮的光源。采用壁子窗口取光的效果，主要限于节省灯油的经济目的。

其实，"屋壁子"的功能几乎适用于家里的所有活动，譬如壁子上面设有称作"刀挂"的木质弧形结构，其两端用钉子牢牢钉在壁子上，做饭用的刀、铲、勺等物件都可以悬挂在上面，还有筒状的"筷抽子"等等。毕竟，两个灶台都是与壁子合二为一的，民以食为天，家中所有的物件都是为了这个目的而存在的（图4-59）。

"屋壁子"是木质结构，其边框都与室内的主要支撑结构件相连，如"八字木"的大梁、开间的隔断和室内的灶台炕头等。因此，木作工艺的实施必须结合室内石作的尺度和特点来进行。此外，明间与次间的分界线位置需要留出壁子的竖栿凹槽，民间匠作很少运用复杂的连接手法，而是直接将壁子的竖栿插入墙面石料预留的凹槽。北山墙和南山墙都有两道这样的凹槽，以供东西两排壁子的竖栿固定于此，墙石墁泥的时候就用黄泥直接把壁子固定住。壁子大边上端与梁相接，在边框的中心位置做出两个榫头，插入梁底卯眼进行固定；地面的固定颇费些周折，主要是因为灶台和炕头的缘故。明间有灶，其炉膛与次间的炕洞相

图4-59
毕可淳家的"壁子"样式。

连，有时风箱也处于灶台旁边，这些用具为木质壁子的安装带来了困难。一般的做法是，利用灶台的高度，以及炕头的造型变化，使木质隔断直接插入灶台与炕头的边缘地带，并以土坯砖或黄泥加固隔断底边。灶台和炕头都具有一定的厚度，卡在灶与

图4-60
木质壁子结构位于炕与灶相连的部位。

炕之间的木框架十分牢固（图4-60）。尽管壁子是木质的，容易起火，但是灶和炕厚重的土坯砖防止了高温和灶火的蔓延。由此可见，木质隔断与整栋海草房建筑的结构是一个无法分割的整体，为村民们生活起居的适宜服务。

据木匠刘国安介绍，木质壁子的门口制作与窗口相似，利用加固的两根竖枨和横木担起门口，设计出小巧的门框结构，并做出可折叠的门扇。村里人称木壁子的门为"叠门"，门板较薄，中间设有折页，可以朝一个方向打开。叠门中下部位设有雕花，纹样都是民间喜闻乐见的"二龙戏珠""福禄寿喜"等吉祥题材。不过，现在村里已经见不到"叠门"的影踪，各家为了拓展使用空间，拆除了"叠门"，甚至壁子也不复存在了。

毕家模老人回忆说，早年室内的家具不多，明间里有碗柜、水缸和三抽桌，次间里主要是炕，一家人吃饭就

图4-61
东楮岛老辈村民都记得"墙柜"，用于储藏某些贵重的物件。

在炕头上，碗筷摆在炕桌或木质"盘子"上面。此外，东楮岛传统海草房室内在炕头东山墙上面设置有"墙柜"（图4-61），这是用户要求"掌尺的"安排瓦匠们做的，在建房伊始就规划好位置和尺寸，垒筑东山墙时预留出空隙，木匠们在这个小空间里钉上松木板材，中间位置加一个隔板，并做出墙柜门。墙柜的功能相当于现代家具壁橱，可以将小件的日常用品存放进去。刘国安回忆说，传统海草房室内陈设颇为讲究，明间北墙前设一张八仙桌、一对椅子（官帽椅）以及翘头长案，其他位置摆放闷户橱或碗柜；次间里有抽桌（三抽桌）、梳妆台、箱子和柜子等家具（图4-62、图4-63）。

图4-62
海草房室内家具与陈设。

图4-63
海草房室内家具与陈设。

第三节　海草房建筑的木作结构

本节内容将通过建筑制图形式具体分析海草房小式大木作的结构和功能特征，以及室内小木作"壁子"的样式。关于前面所述的"八字木"结构，在山东乃至北方民居系统里比较常见，古代建筑技术文献中称之为"茅茨土阶"。海草房和茅草房的屋面皆为"三角形"木构形制，二者仅在某些材料和结构细节上具有差异；瓦房是我国民居体系里重要的部类，屋面桁椽均以抬梁式木构架为主，即民间所谓"重梁瓜柱"。屋面材质的差异是草房与瓦房承重结构的主要区别，其中包括材质的各项物理属性、化学属性、施作工艺等。因此，海草房所使用的"八字木"结构，即古建筑工艺术语"叉手"，在营造过程和使用过程中既要满足海草材质的特点，还需适应房屋的环境气候。

一、叉手与重梁瓜柱的承载结构比较

按照官式做法，屋面举折的木结构是将顶部瓦材质及其支撑件组合的所有重量转移到梁柱结构上。如图4-64所示，宋代《营造法式》描绘了室内"二柱"承载四架椽的样式，可以看到"脊槫"（脊檩）之下左右有斜枨支撑，便是"叉手"，也称作"斜柱"，紧随其后的斜枨为"托脚"；如图4-64所示，清代《工程做法则例》记载了抬梁式檩柱形制，檩条可直接连接椽子，脊檩下不需要以叉手或托脚进行加固。上述是官方建筑模式，而民间营造匠作的要求相对简单，瓦房的抬梁式结构紧凑简易，层次较少（详见图4-14）。清代官方建筑很少使用叉手，这个结构件却在民间建筑里出现，尤其是在草房屋面结构中得到普遍应用。

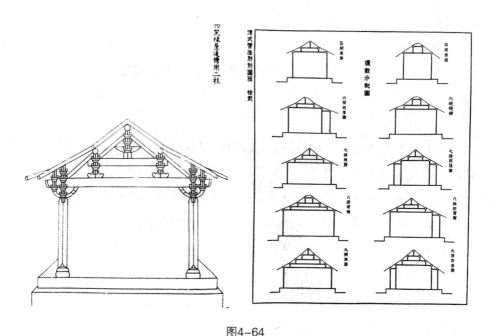

图4-64

《营造法式》载"四架椽屋通檐用二柱"与《清式营造则例》载"檩数分配图"。

如图4-65所示，"东楮岛村79号"院落属于东楮岛中街南向住宅群，是明清时期遗存海草房的典型样式。从木作结构的比例和功能来看，室内横梁位于各开间界线之上，如明间与次间或次间与梢间的界线；由于海草房除去厚重的墙体之外，室内进深仅有3米左右，一般不设置支柱，横梁跨度较小，不会受重力影响而变形；横梁前后两端分别插入石作或砖作墙体中，借助坚硬厚重的海岩石料形成承托力；作为叉手的斜枨直接连接横梁两端，构建出稳定的三角形受力结构；两根叉手的尺度与横梁相当，脊檩和檩条可以直接固定其上，作为承载笆板和海草苫层的支撑面。同"重梁瓜柱"相比，叉手或八字木结构更为简单实用，能够承托上万斤的海草重量，并且具有分解横梁所受重力的功能。以瓦房屋面的形态与结构分析，"重梁"或者"叠梁"的目的是实现椽木结构不断上举的效果，使瓦面组合形态呈现为曲线形态，而屋面重量的承载基本要靠檩下之瓜柱（清式称"瓜柱"，宋式称"侏儒柱"）。茅草房或海草房的屋面没有曲线形态，前后两坡面为斜面，其形态的主要构

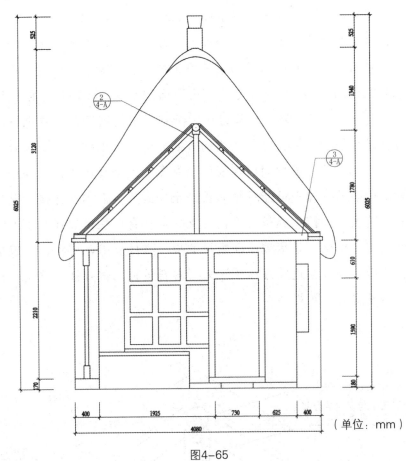

图4-65

"东楮岛村79号"一进院北屋梁架结构剖面图（1∶100）。

成元素有三个：一是横向檩木结构直接托着笆板，没有纵向椽木和叉手托脚形成的曲线举折；二是海草苫层需要密实平滑，才可以满足防雨防风的要求，屋顶的坡面利于雨水排泄；三是苫层结构的问题，海草层层叠加而形成整个屋面，若屋面为曲线形态，会使海草层上扬，容易被风吹散，破坏屋面整体苫作结构，致使屋顶漏风和漏雨。因此，海草房大木作体系应用八字木或叉手，主要是适合屋面海草和笆板的材质属性和结构特点，并适应海草房所处的濒海环境和气候。

如图4-66所示，"立檩"是民间小式大木作的称谓，按照清式工程则例，支撑脊檩的瓜柱称作"脊瓜柱"，也就是海草房的"好汉子"。因为叉手在这个结构体系里被延伸至横梁，缺少了二步梁或三步梁的层次，所以"脊瓜柱"在八字木受力系统里被加长至横梁中心位置，构成三角形承载结构的"高"。脊檩是海草房屋面的砥柱，也就是木匠们所谓的"脊梁杆子"，其安装的质量直接影响到房屋使用寿命。脊瓜柱的主要功能就是承托和保护脊檩。从结构方面分析，脊瓜柱可以减少脊檩的跨度，防止其受重力影响而出现变形；脊瓜柱也是脊檩接杆的辅助工具，受材料所限的脊檩不可能一根通长，至少需要三根木料连接才能达到总开间的跨度，连接点就是脊瓜柱的支撑点；脊瓜柱是加强八字木结构稳定性的主要构件，是承载屋面重量的唯一支柱。由此可见，荣成地区民间匠作以"顶天立地的好汉子"来形容脊瓜柱的重要性，这是一种具有科学内涵的象征语义。

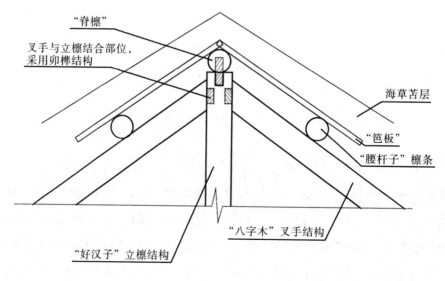

图4-66
叉手结构与立檩结构详图。

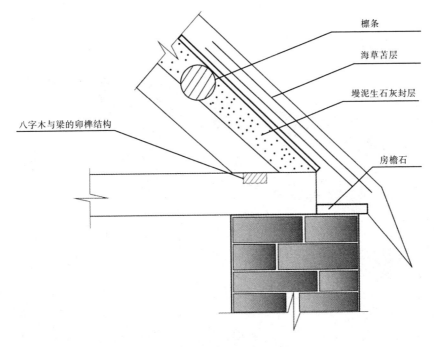

檩条

海草苫层

墁泥生石灰封层

八字木与梁的卯榫结构

房檐石

图4-67
八字木结构与墙体结合详图。

如图4-67所示，叉手与横梁、脊瓜柱通过卯榫紧紧结构成一体，这类燕尾榫的结合形式使八字木所受压力越大，部件之间越稳固。石作或者砖作的墙体亦可消解屋面向下的重力，八字木结构的两端安置在平檐处石料或砖料槽内，用厚厚的黄泥固封，加强了木作部件的稳定性和耐久性。

如图4-68所示，"接杆"是民间匠作俗语，檩条的总长度等于整座海草房的总开间，大约在10米以上。单根木料的长度是无法满足使用需要的，必须以若干相同规格的檩条连接在一起，此法在清式营造则例中也有记载。海草房檩条的"接杆"原则有两条：其一是连接位置必须在叉手之上，而且木制长头楔钉要贯穿两根檩条衔接处，钉入叉手斜桄内5厘米左右。八字木与檩条的结构功能就是组合成一个受力框架，承载笆板与海草苫层，八字木或叉手相当于框架的纵向木桄，而檩条排列组合形成框架的横向格栅结构。因此，檩条必然与叉手成为一体，图中檩条头端的楔钉起到了固定和连接的

195

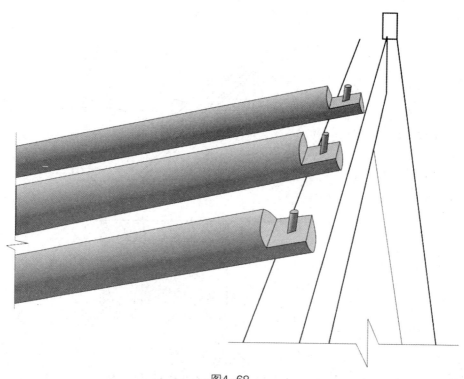

图4-68
檩条"接杆"结构示意图。

作用。其二，两根檩条直径截面的结合，采用企口榫的样式，这是传统家具木作结构常用的结合方法。所谓企口榫，主要适用于板材边缝相接，通常是在两块板材边缘各开出上下半槽，彼此相扣而成，且两块板材连接处不存在接口。与此同理，在两根檩条的结合处也有上下半槽的形状，相扣而成通根檩条，这个楔钉也具备榫头的作用。老木匠张来群回忆说，檩条的做法看似简单，实则暗藏玄机，位于中心位置的檩条两端需要开出半槽，以结合两侧的檩条。张来群说："檩条的位置处于八字木和'好汉子'的腰侧部，就好像人的腰杆支撑上半身重量一样，所以俺这里的老辈木匠都喊它作'腰杆子'。"

二、海草房室内小木作壁子结构

除家具外，传统海草房室内的小木作主要是隔断，即村民称之为"壁

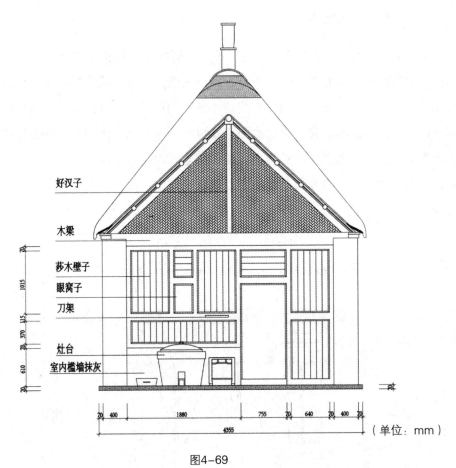

图4-69

东楮岛中街84号王本凯院正房室内隔断详图（1：100）。

子"的木质结构。如图4-69所示，壁子立于明间与次间界限处，是分隔室内公共空间与私密空间的标志。受建筑伦理环境的限制，隔断的门开在进深之北，窗牖在南，与次间内的炕相应。从起居功能角度分析，明间南墙附近常设灶台，次间同一位置又是烧炕的炉膛，隔断不宜开孔相通。为了能够满足室内采光需要，面积较小的窗既可以透光，又可以有效阻止烟尘进入卧室。壁子设有墙裙，其高度与槛墙一致，略高于灶台。壁子的剖面较窄，仅一个板材的厚度，可节省空间。

三、门的样式与结构

如图4-70所示，海草房的大门样式以门框镶边和门板穿带为结构，配以五金功能属件。有趣的是，在大门上不断更新的设备，反映出近年来民居环境的变迁。譬如，早期门锁采用门钹和挂锁的形式，转动门钹可以将门扇固定住，长短锁链可以完全锁住大门；20世纪70年代之后出现的复合金属插锁被大量应用在门扇上，插销与金属锁件标志着现代意义的大门功能；近年来，防盗门锁、电子锁等新型产品在老建筑中层出不穷，显现着传统与现代的关系。

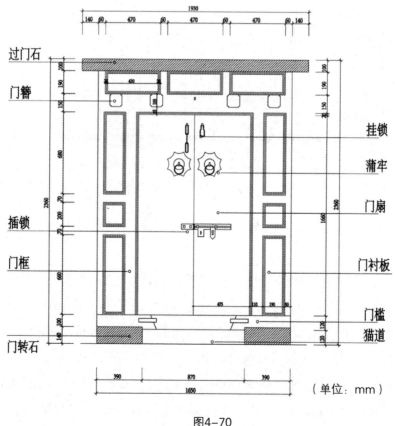

（单位：mm）

图4-70
东楮岛中街83号王伯清院落大门详图（1:100）。

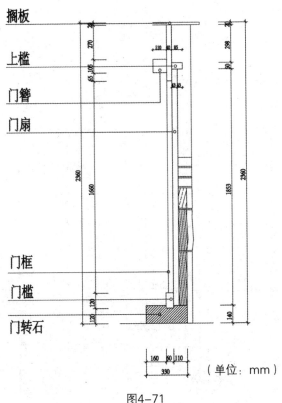

图4-71

东楮岛中街83号王伯清院落大门剖面图（1∶100）。

　　如图4-72所示，大门背面结构相当复杂，共分为门搁子、门上槛、门扇、门下槛、门轴、门转六个部分。门搁子处于海草屋顶与上槛之间的位置，一般是用来收藏农具和杂物的，其结构如同家具中的橱柜；门上槛主要作用是固定门轴，并借由门簪来连接前后衬板，为门框架提供加固的基础；门下槛主要包括门槛、门转石和猫道。大门背后的门闩具有相对复杂的结构，两只木质门把竖向安装在门扇上，门扇是三块板材以穿带式榫连接起来；门把既有拉开门扇的功能，又有对门扇板材之间进行加固的作用，同时也是门闩穿插的构件。门闩有三道，上、中、下三组横枨彼此搭接：上部门闩没有卡扣，彼此对接形成"关门"的底座；中部门闩机关重重，对紧锁大门的结构起到重要作用，两道门闩横枨交接，横在门扇后面，加上"勾死鬼"抵住横枨运动的轨迹，形成结实的闩锁结构；下部门闩亦如此法。

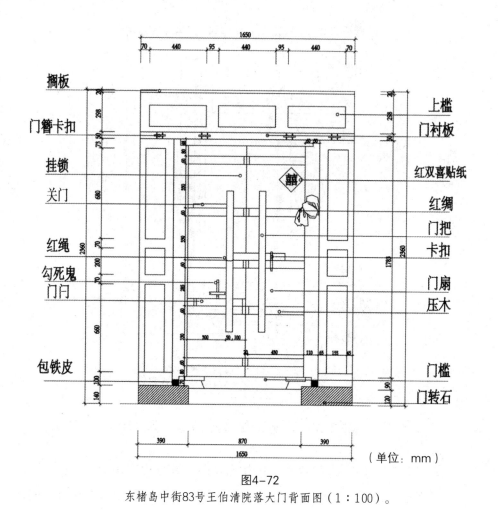

图4-72

东楮岛中街83号王伯清院落大门背面图（1：100）。

第四节　"好汉子"与"腰杆子"的由来

　　修辞的意义在于强调论证表述的合理性，并以丰富的语言技术手法传达给大众。"好汉子""八字木""脊梁杆子""印"和"腰杆子"等语言表达符号，运用特殊的修辞格，在民间传播文化语境中成为营造工艺重要的匠作术语。作为一种技术语言，尤其是关系到起居生活的符号模式，应该具备两种传播途径。首要途径是在匠人中形成通识，荣成地区民间匠作在木作体系内的称谓具有地方性或乡土性的特征，同时亦具备山东甚至整个北方区域的营造色彩。譬如"八字木"的术语内涵，在鲁西南地区、鲁中山区、鲁东地区民居营造里皆指草屋的横梁与叉手，而且"叉手"一词至今在淄博传统村落民居建设中广泛流传。由此可见，作为一种工程技术概念，其符号意义的传播与传承力度是相当深入且广泛的。匠作需要"则例"，即通用的标准，能够论证标准的语言概念符号必须明确、易懂、通用，甚至具备较强的可持续性。这种情况在现代建筑语言模式里相当普遍，譬如水泥混凝土搅拌作业，或钢筋焊接技术，在机械化施工过程中必须贯彻建筑力学、结构部件或科学安装概念的标准术语。同现代建筑相比，传统建筑语言在标准和术语的界定上更加强调本土性和民族性。

第二种传播途径是公众的语境。尽管传统社会缺乏高效的传播工具，但是更加具有人文色彩的"口耳相传"或者"言传身教"，往往在统一语境中获得普通受众的传承基础。以东楮岛村落的环境为例，村民世代以渔业为生，对于建筑营造知之甚少，且修缮房屋的匠人多来自外乡，基本上没有形成营造技术的传承。然而，通过对村内早期建筑遗存的考察，以及对周边地区苫匠、木匠、瓦匠和石匠的采访，可以获得有关营造术语的通识情况。首先，60岁以上的居民，如毕家模、毕可淳、毕可勇、王咸忠、王伯清、王本凯等，都以习惯性用语表述"八字木""好汉子""腰杆子"的意义；其次，60岁以下、45岁以上的非东楮岛居民，如马家寨的刘江、滕家镇的刘四素等，从父辈那里了解到这些术语的意义；再者，目前仍然靠营造手艺谋生的人，如东山镇的董久春、宁津所的宁兰波、所东王家的尹传荣、马家寨的刘国安等，不仅经常使用这些语言符号，而且能够详细解释其语义在功能、结构、工艺方面的内涵。从语义学角度分析，上述语言符号的内容与象征意义既可以在普通受众中间传播，亦可以在专门匠人中间作为技术通用或工序衔接的标准。不过，两种接受群体在语义的理解方面有所不同。以"好汉子"为例，荣成地区民间释为"顶天立地"的象征，用拟人化修辞格阐明这个构件在建筑使用过程中的重要性；匠作群体不仅知道"好汉子"符号的语义重要性，而且赋予它更多技术内涵，譬如"好汉子"上承房屋脊檩下抵大梁，是建筑架构在几何性能上趋于稳固的关键。"腰杆子"是民间俗语，男女老少都能够理解"挺直腰杆"的含义。以"腰杆子"比喻屋面檩条结构，说明了其安装的位置、支撑的作用和辅助性功能特点，这是一种有利于传播和传承的隐喻。如果将海草房屋面木作体系里的术语联系起来，那么"脊檩""好汉子""腰杆子"形成了一个完美的"人体结构"。脊檩的作用与人体脊椎相当，"腰杆子"檩条就是支撑躯干的腰肌，建筑本身就是一个健康的"好汉子"，为住户撑起安全与温暖的家园。

　　毕家模老人在解释这些术语时，常常用手在自己身上比画："俺这儿叫脊檩，就是脊梁杆子；腰杆子，就是好汉子挺直腰杆的意思。"将建筑上的构件联系到自己身体的相应结构，使听者能够心领神会其意义。因此，隐喻的术语有利于扩大传播途径和范围，更有利于匠作技术的世代传承。从建筑使用者的立场来看，那些被官方载入技术文献的制度语言很难读懂，如"脊槫""叉手""脊瓜柱""托脚""侏儒柱"等。普通人在日常生活中亦极少触及这些大木作结构，更不需要记忆专业符号的指代含义。像"腰杆子"这样脍炙人口的称谓非常符合民间流通的语境，词汇本身充满本土俚俗的味道，更能够运用众人皆知的人体生理结构喻示建筑构件的功能。就算是处于学徒阶段的匠人，也很难掌握晦涩深奥的工艺术语，却可以通过"好汉子"这类俗称牢记其匠作原则。由此可见，关于海草房小式大木作系统的研究，仅参考古建匠作则例是不够的，丰富的民间语言及其作为符号所蕴含的表达规律才是揭示其营造思想的真正线索。

第五章 海草苫房的老手艺 ≫

东楮岛村海草房的屋面廓形呈不规则曲线状，屋脊处两端高耸，脊线则以下弦弧形为轨迹，远看整体线型流畅自然。可选择不同视点进行观察：如以东西山墙的侧面为观察视角，屋面为等腰三角形结构，尖耸直上；如以建筑的南北轴线为观察视角，屋面为稍显下垂的圆弧曲线，且屋面宽度明显大于墙面高度。此外，一排排坐北朝南的传统海草房整齐划一，依次排列在古街道两旁，彼此屋面连贯成一体，组成节奏感极强的律动曲线，显现出胶东渔村建筑特有的形式美感（图5-1）。荣成地区传统匠作称这种屋面的制作方法为"苫房子"，即苫作手艺。匠人用海草作为房顶的主要材料，利用手工梳理、挤压、拍实，构成"人字坡"状的特殊屋面造型。苫作手艺是海草房民居建筑营造过程中至关重要的环节，不仅创造出屋面优美自然的曲线形态，而且是建筑"避风雨""御寒暑"功能实现的主要因素。

初到东楮岛的人们总是被浑圆似云帆般的海草房所吸引，屋顶高耸敦实，既没有古代建筑的额枋椽栋，也没有硬山歇山的砖作，只是在屋脊之上形成举坡、压脊

图5-1

东楮岛村西街接山式建筑形制，坐北朝南的海草房一字排开，彼此之间共用同一座山墙，村民称之为"伙山"。由于山墙间没有空隙，屋顶便采用整体制作的手段，海草苫层覆盖住整条街的房屋，共同组成了富有节奏感的屋脊曲线。

图5-2

这是典型的东楮岛村传统海草房，其建筑风格特点具体表现在屋面直接覆盖墙石形体，仅仅依靠木质梁架檩作承载厚重的海草苫层。

和自然下垂的海草叠层体量。有人说这些房屋居舍像露出海面的珊瑚岛礁，也像乘风破浪的风帆，但素朴厚重的海草房是东楮岛滨海渔村起居方式与生产风俗的形式符号，传达出渔民们"就地取材"和"滨海建舍"的营造观念。然而，深入剖析海草房建筑外在的形态美，却发现其中蕴含着各种内在因素，如屋面结构、苫层材质、制作工艺、匠作传承、人文环境等。传统民居建筑风格形成的特殊地域文化符号，以视觉意象的审美方式传达着社会历史和人文环境的境遇。同威海、烟台各地遗存的其他海草房建筑相比，东楮岛村海草房的独特之处在于海草屋顶整体苫背的结构（图5-2）。海草覆盖下的屋面没有砖瓦，而是完全依靠房檐石和檩架承载。因此，本地传统民间匠作所特有的苫房手艺对其建筑风格的形成起到了关键性作用，亦代表了荣成地区传统渔村村落的营造观念。

第一节　苫作手艺的历史

海草房不同于其他地区传统民居建筑的特征在于，将大量海草原料应用于建筑结构之中，甚至未经过加工和处理，其工艺传承显现出浓郁的海洋生态文化色彩。20世纪80年代之前，东楮岛渔民们视海草为本村的宝贝，打捞海草曾经是村内生产经济的主要来源。以深海自然生长的海草作为建筑材料，运用古老的苫背技术营造海草房，这是东楮岛村传统民居艺术风格形成的主要原因。然而，苫背技术不仅存在于对海草的操作，内陆地区的民居营造也有苫作工艺。譬如，山东济南朱家峪村现存的几所老宅子，村民回忆其屋顶采用满山遍野的茅草苫作而成（图5-3）。苫作是一门颇为久远的营造工艺，其渊源可以追溯到原始社会末期的建筑屋顶，原始人类利用俯拾即是的芦苇或苇草等原料，覆盖于夯土墙或木构架之上形成屋面，古代建筑技术文献记载为"茅屋"。随着阶级制度的完善，上古礼制文化逐渐融入茅茨苫背工艺思想之中，形成具有经典语义的技术词汇"茆屋"。

图5-3

山东济南朱家峪古村落"进士故居"三进院建筑,其屋面采用茅草与瓦作结合的工艺,屋檐与山脊处设瓦,中间大面积覆盖茅草苫层。据村民回忆,村里老一辈没有几家屋面全都用瓦制作,茅草屋面才是普通百姓常用的建筑样式。

一、苫盖与寝苫枕块

《春秋左氏传》在"襄公十四年"卷中记载:"乃祖吾离被苫盖,蒙荆棘,以来归我先君。"[1]后世学者注疏皆以"苫"为"盖",即形容用草席、草垫等遮盖的行为。苫草屋顶是早期原始建筑的一种形式,在传统建筑营造工艺发展过程中具有重要的地位。尽管茅草屋比不得皇家建筑的繁庑崇顶,但是其本身有着盎然的生命力,亦成为古代文人标榜清廉淡泊的语义符号。

1. 白盖茅苫的释义

古文献释"苫"为"白盖谓之苫"[2]的意义。晋代郭璞注解这个"苫"字就是白茅,寻山上野生之白茅、黄茅等植草编织成席或铺盖,用以遮掩身体或住宅顶面。然而,汉代许慎的《说文解字》中提到,"苫"是指掩盖或遮盖

---

① 阮元撰《十三经注疏》,上海古籍出版社,1997,第1955-1956页。
② 同上书,第2600页。

的一种动作或行为，而非仅指白茅草。我国传统营造学概念用"苫"指代植物材料在建筑中的应用，尤其是屋顶苫背或屋面的处理。茅草屋材料低廉、工艺简易，常为古时百姓所用，像明代朱家峪村的村民们多在附近荒山上采集白茅或黄茅，沥水晒干之后夹杂麦秸铺设屋面。文人士大夫阶层视"白盖茅苫"类民居建筑有清廉无争之义，为标榜自身的淡泊玄远，常常在文艺作品中引用，如唐代司空图的"赏雨茆屋"、杜甫的"卷我屋上三重茅"以及明代唐寅的画作《杏花茅屋图》等。

宁津所东楮岛周边濒临大海，极少有高山，采山茅以苫盖是无法满足传统民居使用的。然而，瀚海汪洋内生长的植物取之不竭，海草、海带草、海苔草等都可以替代白茅或黄茅，而且具有更多的性能。东楮岛村海草房的屋顶每逢一辈新人修一次，具有较长的使用寿命，这与海草苫作的工艺和选材有着密切的关系。苫匠们解释，海草生长于大海之中，长期经海水浸泡，本身就具备防腐、防潮和防虫蛀的性质，加之沥水晒干等处理，自然可以延长屋面的使用寿命；还有一点，苫作海草工艺不需要添入任何防腐剂，海草本身会分泌一种胶性物质，荣成地区民间称之为"屑"，将其理顺后海草自然黏合在一起，表面的"屑"促使坡面滑顺，这也是海草房不滞留雨水的主要原因。就地取材是海草房营造观念的核心，老百姓"靠海吃海"，一切生活必需品均可以在海洋里寻觅得

图5-4
东楮岛村民请来宁津所的苫匠师傅修缮海草屋顶。想当年大量的海草随着风浪漂到东楮岛岸边，村里建房用绰绰有余。如今，随着海洋生态环境的破坏，海草几乎灭绝，修屋用的海草必须通过高价购买他人已拆除海草房的旧料。

到，依海而居的思想主导了营造行为对原生态材料和工艺的运用（图5-4）。

2.寝苫枕块的礼制意义

《仪礼·既夕礼》记载有"寝苫枕块"的丧礼古制，汉代郑玄释"苫"的语义是一种编织行为，即丧礼时以藁编织成席，供孝子寝卧。藁是一种干草或禾秆，不同于前文述及的白茅，表征守孝阶段的简朴。"寝苫枕块"是指孝子守丧期间，不得住宫室宅邸，必须遵守"居倚庐"的古训，寝卧草席，头枕土块，借以表达哀思①。由此可见，苫草苫盖的行为常喻示古朴肃穆的精神意志，无论是"白盖茅苫"的营造行为，还是"寝苫枕块"的礼制意图，其中皆蕴含着中国传统民间的审美意志和文化思想。

二、茅茨苫葺与苫作工艺传承

中国古代营造技术文献对于茅草屋顶制作的记载不多，仅提及称谓有"茨""苫""葺"等别名。苫作与这些名称一样，同指利用当地植被材料，编织或叠压成型，作为民居房舍的屋面结构或檩椽之上的苫背形式。苫作是一门古老的建筑技术，《尚书大传》就提到"若作室家，既勤垣墉，惟其涂塈茨"②。后人注疏认为"茨"就是指在夯土建筑上苫盖覆草的营造活动，此外在我国建筑史上常将夏商时期覆有茅草的宫殿称为"茅茨"。

1.茨与塈的技艺渊源

按照文献所述，上古时期民居建筑的工序为"涂""塈"和"茨"。"涂"就是涂饰、粉饰，如现在的建筑涂饰技术；"塈"指用泥或白垩粉涂饰墙壁和屋顶的技术，与"涂"通用。然而，"塈茨"却是专指用泥灰和白灰涂抹屋顶的茅草。唐代的颜师古解释《汉书·谷永传》记载的"塈涂"为"仰泥屋"③，《说文解字》也是作"仰涂也"来阐释"塈"的字义。仰涂专指一道涂刷屋顶技术的工序，至汉代尤为高超，并称此匠作技术人员为"獿人"。颜师古曾在《汉书·扬雄传》注释里说："獿人亡，则匠石辍斤而不

---

① 相关内容可参阅《春秋左氏传》"襄公十七年"卷或《墨子·节丧》篇等古代文献。

② 孙星衍撰《尚书今古文注疏》，陈抗、盛冬铃点校，中华书局，1986，第387页。

③ 班固撰《汉书》，颜师古注，中华书局，1962，第3471-3472页。

敢妄斫。"①据后人传说，"獌人"匠作在涂饰屋顶时，一手托灰板，一手抹泥，抬头仰视，尽管身穿宽领大袖的服装，却没有一滴泥水沾染其上，更没有污染地面。由此可见，茅屋墁顶的工艺流程历史较长，古人已经掌握了如何处理茅草叠压产生缝隙的问题，并从长期操作经验中总结出墁泥的功能优势。

"塈茨"是古代匠人通过苫作墁泥技术来处理茅草平整度和缝隙问题，这门手艺伴随着茅草屋营造技艺的发展而传承至今。海草房的苫作工程特别重视"塈茨"质量，通过梳理海草苫层、夹拌麦秸，以及在海草层上进行墁泥抹灰

图5-5

海草房苫层墁泥工艺秉承传统的涂饰技术，黄泥墁层对于高粱秸秆的笆板和麦秸海草起到了很好的承托和保护作用，亦对于房间保暖措施大有裨益。

和压脊处理等工艺流程，实现"塈茨"的艺术效果，这是我国建筑营造史上古老涂饰技术的手艺传承（图5-5）。

2. 关于葺的内涵

茅草苫盖房屋常需要修葺，而"葺"之古义也具有营造工艺学的内涵。《春秋左氏传》"襄公三十一年"载："缮完葺墙，以待宾客。"疏："周礼（考工记）匠人有葺屋、瓦屋。瓦屋以瓦覆，葺屋以草覆。此云葺墙，谓草覆墙也。"②这说明古代茅草屋在春秋时期是将茅草直接覆盖于夯土墙之上，

---

① 班固撰《汉书》，颜师古注，中华书局，1962，第3578页。
② 阮元撰《十三经注疏》，上海古籍出版社，1997，第2014页。

"缮"与"葺"同具有维修、整理、填补的意思。《考工记》详细记载了关于"瓦屋"与"葺屋"在营造方面的区别,指出二者工艺方式的差别是屋面形态尺度产生变化的主要因素。譬如,"葺屋三分"与"瓦屋四分"的标准,按照后世的注解,其中所谓"三分"和"四分"是指一种技术模数,茅草屋自地面始至屋脊终的高度应视建筑室内进深来定,公式为屋内进深尺度的三分之一;同理,瓦屋之高度取室内进深尺度的四分之一。因此,茅草屋屋顶在视觉上比瓦屋屋顶的形态高耸。据曾经在东楮岛做过工程的董久春回忆,建造海草房屋面时,瓦匠与木匠共同合算屋顶的高度,也是以建好的石墙空间进深尺度来确定。这种计算方法可以视作古法的传承。

第二节　苦海草与墁屋面

荣成地区海草房民居建筑具有高大浑圆的海草屋顶,其屋面形态与结构的特殊性完全取决于苦作手艺的实施。苦作工艺来源于古代茅茨技术,是一种利用手工铺设软性有机材质的屋面处理方法,随着这门技术在民间建筑营造中的流传,形成了较为科学的操作实践基础。海草屋面的民间制作手艺,不用借助于砖瓦椽木结构的铺垫,可利用自身的材料属性和特殊的处理工艺,创造出庞大、高耸的圆雕曲线。当地老百姓风趣地谈论海草房的形态,将其比喻成海面风帆、草地蘑菇、天边团云等,这些仿佛后现代主义建筑隐喻的美学意义为海草房增添了更多神秘感和趣味性(图5-6)。其实,海草屋面形态设计是为使用目的服务的,苦作海草可以实现建筑的抗风、挡雨、御寒等多种功能需求。因此,苦作工艺的原理和手法是为了解决建筑屋面适应环境的问题。海草房苦作手艺的美学思想建立在古老的苦背技术和笆板制作技术上,是滨海居民在日常生活中的经验总结,体现了民间建筑就地取材和"宜用"的营造观念。

图5-6

东楮岛村海草房屋面的形态以曲线为主，时而起伏，时而平缓，在经历一个世纪的风雨冲刷后，呈现出敦厚圆润的视觉美感。

一、拉笆子做苫背

中国古代木结构建筑的举架由梁、柱、枋、椽、檩组成，利用木作技术进行榫卯结合，构建起屋面举高与坡顶的形态。瓦作整体重量均被纵横交错的木作结构所承载，实现了压力的分减。明清以来，民居建筑的部分木作结构逐渐被砖作所替代，如斗拱一类的构件也丧失了建筑结构功能，砌砖承重山墙减少了木作结构的层叠和繁缛。因此，明清迄今，我国大部分地区遗存的传统民居建筑屋面多以砖瓦木构相结合为主。东楮岛村的海草房是一个特例，其屋顶举架结构不设椽承瓦，以三角形梁

图5-7

这是东楮岛村中心广场西北角的一所破败的海草房，站在室内仰视，可以清晰地看到梁架与檩条、墙角与平檐、砖石结合的构造，以及搭载于檩条之上的笆板层。

211

架承载笆板，运用手工处理屋面层层相叠的海草苫层。在海草房屋面结构体系中，笆板起到了承上启下的承载和缓冲作用。所谓笆板，即指海草房建筑海草屋面之下的一层托板，其材质多为软体，如高粱秸秆、麦秸或者其他植物茎秆。笆板采用拼板式结合，固定在三角形梁架和木作檩条支撑之上（图5-7）。其承载作用是指笆板托着两三千斤重的海草苫层，成为蘑菇形屋顶的主要荷载板面，同时具有防风防雨的功能；其缓冲作用是指笆板本身柔软且韧性较好，可以减缓海草上千斤荷重给梁架和檩条带来的压力，这是海草房厚重屋面能够延长使用寿命的重要因素。因此，笆板的材质和工艺保障了海草苫层在使用过程中的稳定性和牢固性。一般来说，东楮岛村传统海草房的笆板均采用高粱秸秆扎制而成，尽管这类植物材质不及现代层板技术性能优越，但是适宜海草苫背的特点。近30年来，东楮岛的居民也尝试使用苇箔笆板结构或者油毡塑料等材质替代传统的高粱秸秆笆板，甚至出现过胶合板、密度板（图5-8）。然而，正如毕家模老人所说："海草屋面与高粱秸秆、麦秸等材质最接近，用起来最方便，价格也便宜得很。"从目前仅存的百年历史海草房来看，传统笆板依然具有强大的生命力，结实并稳固地支撑着厚厚的海草层。

图5-8

据毕家模老人回忆，多年以前笆板都是用"拉笆子"方法制作的，后来出现了"扎笆子"，又出现了苇箔样式。如今，许多人家采用新型复合板材或实木板修缮制作笆板。

按照工序，笆板安装是在单位建筑体的石作全部完工之后才进行的，而此时建筑木作构架已经预埋于海岩石料墙体结构内。"掌尺的"董久春总结了自己多年来施工管理的经验，认为笆板的制作和安装是为海草苫房工艺打好基础，若笆板质量不好或安装不当，将严重损害海草苫层的防风防雨效果。

更重要的一点，笆板由高
粱秸秆或麦秸构成，夹在
海草苫层和檩条之间，维
修起来相当麻烦，因此其
制作安装需要格外谨慎
（图5-9）。高粱秸秆尺度
较长，韧性高，扎结成排
后作为铺板，这便是传统
海草房笆板的主要形式。
高粱秸秆笆板制作和安装
的工艺包括两类：拉笆子
和扎笆子。

图5-9
"腰杆子"（檩条）上铺笆板，笆板墁泥墁灰，
这才是传统海草房的营造方式。

1. 拉笆子的手艺

　　海草房建筑屋面施工首先需要制作安装承载海草层的笆板，传统技艺使
用经处理后的高粱秸秆作为其原料。东楮岛村民将高粱秸秆称作"黍秫秸子"
（土语音），处理方法是将切割下来的高粱秸秆削光叶穗，保持其表面的光滑
度和坚韧度。由于秸秆质地坚硬，自身重量较轻，加之成本低廉，我国北方民
间常用之编织成席或营建屋面。高粱秸秆的切削技术要求两端齐整，一般从中
间拦腰截断，并在其表面进行刮光处理，晾晒备用。制作笆板时，小工被雇来
完成这项任务。具体做法是：在平坦地面上以水搅拌黄泥，水加多一些，调成
泥浆，黏稠度要适宜；可将铁锹插入泥浆，抬起后观察滴落情况，泥浆形如糨
糊且不粘连铁锹表面为佳；将高粱秸秆表面修理干净，用铡刀一截两段，往泥
浆里掺，待泥浆漫过秸秆表面后迅速拉出，放在檩条上面；再拉出第二根紧紧
贴住第一根，利用二者表面的泥浆将其粘在一起，这个动作被形象地称为"拉
笆子"。一般情况下，一人一次拉出三根笆子，将截开的高粱秸秆根部朝向平
檐位置，另外一半根部朝向脊檩，从上往下排列。两截高粱秸秆的梢部会重叠
搭在一起，可以保证笆板中心位置的厚度和牢固度。笆板排的根部较厚，亦可
保证靠近檐处和脊檩处的厚度和坚实。按照从左到右的顺序，笆子紧密排放在

木作结构上，利用泥封固住彼此之间的缝隙。苫匠师傅经常嘱咐小工们，这道程序的动作必须要快，在泥浆未凝固之前完成笆板的安装和固定。其主要原因在于笆板与木作的结合就是充分利用黄泥浆进行黏固，不仅笆子之间靠泥黏结，而且软质材料和硬木材质的结合也是靠泥黏固，若操作过程拖泥带水会贻误凝固的最佳时机。笆板晒干之后如同现代密度板一般坚硬耐用，使得传统海草房的屋面结构延长了使用寿命。拉笆子的工艺十分重视手劲和速度，拉的动作更为重要，力度必须适当，若用力过猛，则黏在高粱秸秆上的泥浆不均匀，影响扎捆后笆板排束的坚硬程度，防水效果也会降低；若用力太柔，则高粱秸秆不易扯出，而且泥浆附着太多会增加笆板的重量，使檩条的承载压力超负荷，不利于房屋梁架结构的稳定性和牢固性。拉笆子的质量影响到海草苫层在屋面的覆盖作用。毕家模老人曾亲历"拉笆子"的过程，他认为笆板的泥浆在檩条表面凝固，既可以阻止雨水渗入屋面，还可以形成平滑的表面，利于屋顶排水。老苫匠都知晓海草房必须厚厚实实搭载苫层的道理，每根海草呈细长形态，长度能达到1米，但宽度仅为3毫米左右，若想屋面铺设均匀并防住海风和暴雨的侵袭，屋面海草苫层必须搭盖严实，而且要叠放有序。尽管海草苫层厚度能达到50厘米，但是屋面仍然避免不了长时间暴露在烈日、海风和骤雨之中，笆板作为屋面与木作梁架结构的过度环节，起到了承载海草、辅助防风防雨和保持室温的功能。此外，东楮岛民间匠作常常利用笆板捆扎技术和墁泥技术处理屋面，以防止漏水渗水现象（图5-10）。

图5-10

海草房传统的拉笆子工艺，要求每一根高粱秸秆必须粘满黄泥，依靠泥凝固之后的黏结力形成板，实现防渗水、防漏草和防海风的各种屋面功能。

2. 扎笆子的手艺

所谓扎笆子是指将高粱秸秆平铺在檩条上，量好了一定的距离，用草绳将它们以排束的方式捆扎起来，再墁泥。扎笆子只需要在整体笆板的表面墁泥，秸秆之间没有泥封固，既不厚实也不结实。扎笆子工艺的出现要晚于拉笆子，操作起来也比后者费工费力，四个人工作需要两天才能扎完一间房的屋面。扎笆子同拉笆子

图5-11

这间破败的海草房曾在后期修缮过，改变了传统的拉笆子工艺，采用扎笆子做笆板，可以明显看到高粱秸秆之间的空隙和杂乱的排布。从工艺角度评价，拉笆子对于屋面结构和功能的作用强于扎笆子。

对高粱秸秆排束的要求相同，铺笆子时先以屋檐处为起始点，将截断的高粱秸秆平端搁在出檐5厘米左右的房檐石上；铺作第二层时，要分别将两段高粱秸秆梢部进行重叠搭接。做过笆板安装的董久春特别注意这个工序细节，据其回忆，一间海草房的海草层重量可达到3000斤，笆板的荷重能力无法依靠单根高粱秸秆来完成，需要相互搭接两端，形成较为厚实的中间笆层（图5-11）。最后，两个斜坡屋面的笆板集中在脊檩之上，以草绳捆扎起来。将两段高粱秸秆的头端进行重叠搭接，加大了笆板中间位置的荷重能力，使笆板不易变形和弯折。在这个工序环节里，传统笆板制作过程常常利用海草进行捆扎，三根高粱秸秆扎作一排束；而且笆板与檩条连接也需要用海草绳捆扎结实。由此可见，海草自身的强度和韧性是非常高的。

据尹传荣介绍，早些年老苫匠们在安装笆板之前需要检查建筑已完工的各部分结构，譬如木作梁架对笆板的支撑是否有力、梁架檩条与山墙的结合是否紧密、房檐处石作垒筑能否承载房檐草和笆板边缘等等。"八字木""腰杆子"和脊檩等木构件是承载笆板的主要结构，其安装上的任何失误都会对

屋面产生巨大影响，引起笆板在日后出现塌陷、渗水、漏草等问题。因此，在海草房屋面结构中，笆板具有承上启下的重要作用，需要各类匠作协调彼此的尺度、技艺和细节处理。当然，负责海草房营建整个过程的"掌尺的"可以把握和协调这些关键环节上的问题。

3.墁泥技术及功能

泥浆原料是山东传统民间建筑的主材，石作嵌缝以及内饰灰浆都需要以黄泥墁作奠定结构基础。"黍秫秸子"在拉笆子时表面粘满黄泥，加强了秸秆的坚硬程度和防潮防霉能力，而笆板在海草房屋面成形之后，亦需要表面墁泥增强其平整度。墁泥工程的具体分工包括：两个有经验的"瓦子"在屋面脚手架上进行墁泥操作，而几个小工负责制作泥浆，并搬运灰板和泥料至瓦匠处。瓦匠墁泥讲究快捷与力道，而瓦刀与灰板交替使用则需要纯熟的技艺。因高粱秸秆为圆柱形，成排摆放的笆板有较深的凹槽，需要用瓦刀抹平泥面；用瓦刀铲上黄泥墁在笆板表面，平面墁完三遍，还需要处理一下笆板的边缘，以及处理掉刀面游走而形成的气泡，必须保持其表面平整。笆板面向室内之处，需用白灰墁饰，即用生石灰加水拌作灰浆，这样既可保护笆板不受潮，又可保持表面干净整洁，起到装饰与美化顶棚的功效。

总之，"拉笆子"和"扎笆子"工艺是一个综合的技术流程，其施作的关键在于各工种的协同配合。梁架是结构，笆板是基础，墁泥是保障；而木作为骨架，苫作为腠理，瓦作为皮囊，形成一个不可分割的营造技术整体。这种"黍秫秸子"的笆板在功能方面也十分重要，起到了承托海草和缓冲梁架压力的作用。

二、笓海草与房檐草

海草生长的环境有三类：海岸线水下的沙滩、暗礁岩石的缝隙内和较深海底处的淤泥中。经由风浪运动，海草在水下脱根而涌向岸边，村民很容易将其收获。刚拉上来的海草呈现翠绿色，具有较好的柔韧性，若是仔细观察的话，可以看到其根和梢的生长脉络。海草形态细长，在不同环境下生长的海草宽度也有差别，使用前需要进行筛选，经过晾晒和处理之后，才可以作为苫房用的材料。

1. 海草属性与类别

从季节和天气的角度分析，过冬以后生长的海草较好，易于储藏，这个时间天气寒冷且雨水较少，堆成堆的海草不易发酵；夏日里生长的海草不如前者茁壮，天气炎热潮湿，海草堆易发酵，必须及时晒干才可苫房用。据苫匠尹传荣介绍，海草表面生长有"屑"，即晒干后海草的表面覆盖一层胶质物或皮状物。判断海草的质量往往要看是否有"屑"。一般来说，冬天海水温度较低，海草正反两面生长出"屑"，颜色偏红；"打春"以后，海草表面会出现一层绿色的"屑"；夏天炎热，水温上升，海草受影响不会生长出"屑"。这种覆盖海草表面的"屑"对于苫房有着很大关系，双面有"屑"的海草质地坚韧，纤维硬度较高，而且具有较强的抗腐蚀抗霉烂性能，适合于屋顶大面积铺开苫作。但是，没有"屑"的海草在苫房之后常出现蜷曲、腐烂的问题，严重影响屋面防雨防风御寒的功能。东楮岛村民常将伏天生长的海草用来沤粪，做成肥料。

苫匠使用的海草原料可以分为三类："二叶子""丝海草"和宽海草。所谓"二叶子"是本地民间对于海草的称呼，主要生长在海底沙质环境里，宽约4毫米，东楮岛环海岸线多为沙质，是其较集中的产地。所谓"丝海草"指宽约2毫米，形状尖细，质地硬实，生长在海底岩石缝中的植物种类。本地土语称较软的岩石为"礁"，硬的为"石栅"，二者都是丝海草喜欢的生长环境。东楮岛附近南边的镆铘岛和瓦不愣岛大量出产"丝海草"，其宽度比"二叶子"细一半，长得结实茁壮，是苫房的最佳材质。多年以前，一般人家在房檐处使用一些丝海草，以承载上层的普通海草，而有钱人家的房子则全部用丝海草做屋面。苫匠认为较宽的海草韧性不好，容易碎，但成本低，勉强可以苫房用。宽海草约有1厘米宽，叶片薄，生长在海底淤泥里。经验丰富的苫匠应该具备观察海草质量的能力，用户提供三四千斤，甚至上万斤的海草时，苫匠首先要做的就是归类。譬如，丝海草本质佳，价格贵，可将其用在房檐部位；"二叶子"叶面较宽，产量大，价格便宜，适合于大面积苫房；宽海草太薄易碎，尽量少用。

图5-12
当年，毕家模曾是生产队的主要成员，回忆起在海边拉海草的情景，现已86岁高龄的老人激动地演示了一番。

2. 拉海草备苫料

20世纪中期，由于洋流运动和自然地理环境的原因，东楮岛海岸线四周拥有健康的生态环境，海洋动植物生长迅速。据所东王家村的老苫匠尹传荣回忆，当时东楮岛附近海域的海草茂盛，好似麦田一般，随着波浪簇拥着冲向沙滩，大家争相去拉海草。东楮岛的毕家模老人也记得，"过去岛子周围的海草多得很，像韭菜似的一波一波积攒，随潮水涌上岸边"，村里的青壮年或赤脚入水，或撑着小舢板，利用笓子和铁钩将绿油油的海草拉起，放在海边沙滩上晾晒，随时卖给附近需要苫房的人家（图5-12）。

尹传荣回忆说："想当初，东楮岛的海草成片成片的，聚集在海沿儿。有风有浪的时候，都涌到岸边上来，俺们就都去拉海草。那时候，一看刮北风了，抓起杆子跑海去啊，一天就能拉上万斤海草。风头上也多，风尾下也有。为了准备拉海草，小伙子们临时在沙滩上搭个小窝棚，吃睡都在里面。"

按照老辈苫匠的经验，传统海草房每间屋面至少需要3000斤海草。东楮岛村东南角最为古老的海草房四间共用了10万斤，可想而知当时海草的供需量之大。东楮岛村曾经以海草收购和销售为村内经济的重要支柱，组织队伍专门负责拉海草，出入账均由生产队管理，上了年纪的村民都记得当年拉海草换工分的故事。时过境迁，如今海草繁茂的景象业已消失，海草房所需苫作原料已经捉襟见肘。

海洋植物研究和村民们的见证阐明了海草消失的原因。近年来海岸线附近大面积种植海带，占据了近海洋流空间；海带大量繁殖生长，产生出淤泥和二氧化碳，也影响了洋流规律的反复重溯，间接压缩了海草的生长空间。

海草生长的环境需要沙滩、滩头、海岩石礁等，尤其海岩缝隙是海草生长的主要区域。现在淤泥埋没了沙滩、滩头，海岩也被炸光了，整个生态环境的破坏使得海草等其他海洋植物很难在此立足。近海缺乏海草资源，村民们也无法加大成本出远海打捞海草，东楮岛一带的海草房便缺少了重要的建房原料。目前，海草房的生存状况可以用"拆东墙补西墙"来形容，例如某家屋顶换成砖瓦材料后，拆下大量旧海草，其他海草房住户便花高价购买过来，聘请上了年纪的老苫匠从中选取可用的材料修葺屋顶（图5-13）。再者，重建海草房需购买大量的麦秸，以一层麦秸一层海草来苫屋顶，其收集和储存较为麻烦，村民们为了用材便利而尽量以砖瓦替代海草麦秸。这些因素导致了海草房的特色逐渐消失。

图5-13

清晨，家住东楮岛村北街西院的毕大婶推来一车海草。这些海草是她丈夫刚刚从马家寨村收购来的，大约有500斤，加上麦秸，修缮塌陷屋面的材料基本够了。20世纪七八十年代，东楮岛是海草的主要产地，附近的村民都来海岸边拉海草，应有尽有。如今，只能靠收购拆除的旧料来填补使用需求。

收购海草之前，苫匠们都会清楚地告知苫房主家相关事宜：首先，刚拉上岸

图5-14

苫房之前，主家将收购来的海草打成堆，摆放在自家门墙前，为了防止被雨淋，需盖上油毡或者塑料布等覆盖物。

图5-15

双手用力收拢海草，并将其一根根梳理整齐，形成"抔"，这是制作苫层的准备工作。

边的新鲜海草需要晾晒一下，尤其是天气炎热潮湿的季节，阳光可防止霉变和发酵；其次，海草要尽量选择粗壮且韧性好的，将其扎成一束，晒干之后堆在门前备用（图5-14）；再有，海草怕热不怕冷，夏天里储藏必须防止海草因暑热和雨淋而发酵。当海草房石作和木作完工后，苫匠如约而至。他们先沥水于海草束，将海草或麦秸用水湿润一下，这样其表面易于梳理，且光滑而不滞水。有经验的苫匠会将海草束并排摊开，一一理顺，再用软木质的平板简单按压其表面。某些略显蜷曲状的海草会影响屋面光洁度，形成一些细小的凹槽，雨水会滞留其中，腐蚀底下的海草或麦秸层，甚至浸透笆板而引起屋面漏水发霉。衡量苫作质量的标准是海草层是否滞水。若拍打不实，海草有蜷曲现象，就会留下一道道凹槽，雨水就会滞留在海草层底部，形成烂根现象。手工梳理海草束（图5-15），既可以通过按压其表面增加平整度，又可以减少海草根之间的距离，便于苫作压层。

3.房檐石与房檐草的作用

前文第三章关于石作工艺的论述中涉及有关房檐石结构的内容，海草房墙体顶部的出檐位置需要砌筑开料较薄的房檐石。譬如，南北山墙的平顶出檐和东西山墙三角形的房檐处均设有一层规整石块组砌，这一层特殊的海岩石料被当地匠作称为房檐石。其功能主要是承担笆板和海草苫层的重量，并且保护房檐部位的砌作材料。房檐石出檐有2寸左右，可以有效地防止雨水渗漏于墙体之内，起到同样作用的还有笆板上层的房檐草。其实，房檐草就是将麦秸或者茅草捆扎成束，并排铺设在笆板边缘处的过渡层，只存在于房檐周遭，坡顶屋面的中央不需要铺设。

房檐草的作用是支撑起处于房檐位置的海草苫作结构，并防止搭在房檐石上的这层海草紧贴在房檐或墙体边缘，造成雨水渗透墙体的后果。房檐草借助房檐石基础的有力支撑，将最后一层海草苫作支起，使其距离墙体本身有10~15厘米（图5-16）。房檐草就是麦秸层，本身不长，坚硬直挺的管束状可承载海草苫背并将其挑出墙体之外。老苫匠尹传荣介绍说，"房檐草都是用麦秸或者芦苇草做的，麦秸硬实，比海草轻。后来有的海草房使用瓦作房檐，两层瓦担着海草，海草在瓦顶上，就不会搭在门窗上面"。这就是说，海草抷层

图5-16

房檐石是沿着山墙边缘周遭组砌的薄石料，用茅草或者麦秸制作的房檐草直接担在房檐石上，利用麦秸的坚硬度，撑起房檐处的海草苫层，使之与墙体之间形成一定的距离。

图5-17

山尖房檐处的海草层具有出檐的作用，目的是引导屋面的雨水滴落在墙体之外，防止其顺墙体流下，破坏石料间的泥封和木作结构。

的柔软度会致使海草贴在墙体表面，尤其是房檐部位的海草苫层，若其边缘全部贴在筑石墙体上，雨水会顺其而下，渗入建筑石体结构和嵌缝灰层，以及门窗等木作结构（图5-17）。房檐草铺好之后必须经过墁泥的程序，泥浆

干燥后会在房檐草表面形成一个保护层，防止雨水渗漏。当房檐草和笆板安装完毕后，才可以苫屋面的第一层海草。由此可见，房檐草的功能相当于木构建筑或砖瓦建筑的房檐。在中国古代木构建筑中，柱承梁，梁架之间搭接檩条，檩条上面铺设椽子，瓦则设在椽子上，整套屋面结构体系的作用便是承载庞大的"人字形"屋面。然而，海草房不以陶瓦覆盖屋面，亦不需要椽子承载屋面系统，而是利用檩条之上的笆板和房檐草代替椽子。

三、苫作手艺的具体环节

目前，荣成宁津所或东山镇等地区仍然有苫匠从事海草房修缮技艺，但是这些苫匠的年龄普遍在60～70岁之间，人数也不超过10位。曾经为东楮岛村海草房苫过屋顶的尹传荣已76岁高龄，从25岁那年开始的苫作工艺生涯令其永远难忘，至今还珍藏着苫作使用的工具。年事已高的尹传荣已无法攀墙扶瓦从事苫海草工作，只能在自家地里做些简单的农活。谈及自己从拜师学艺到苫作为生的经历，老人感慨万千地说："海草屋顶很漂亮，但是制作起来相当麻烦。苫匠们对手上的技术活要求很高，也有一些危险性，整日爬高上梯、吃苦受累是家常便饭。"苫作工艺的传承形式采用师徒制，这门技术完全靠双手感觉积累经验。宁津所的苫匠宁兰波今年68岁，目前仍然忙碌于东楮岛、马家寨、东山镇等地区的苫房工作，而在他这里预约修缮海草房的人家络绎不绝。宁兰波师傅的队伍里有几个徒弟，都是本村的朋友或者家里的小辈，大家在一起谋个生计。每日工作时，屋面上苫海草的操作都是由宁师傅完成的，徒弟们做些架"脚施"、抛草拤、和黄泥的辅助工作。现在没有新建的海草房，都是在原有基础上修补凹陷和塌洞，师徒四五人合作两三天就完工。宁师傅说："现在海草没有啦，收来的旧料两块五毛钱一斤，我们干一天一个工，也就一百多块钱，这个活苦啊。"

1. 苫作之前的准备工作

苫海草的屋面技术虽然不属于瓦、木、石等工种系列，但是苫匠们必须掌握一定的土木技术原理和建筑结构原理，并在常年的工作中积累经验。苫作在瓦作和木作完工之后才开始施工，此时海草房的总体框架已经完成。瓦匠们在砌垒好的山墙内安装梁架、檩条等构件，并协助木匠处理好门窗的镶嵌和固定，甚至制作出屋面的笆板。苫匠必须了解建筑屋面结构的情况，审视"八字木"结构的稳定性和梁架檩条举折的角度，还要查验笆板制作的质量，以及房檐石与墙立面结合的牢固性，这些条件都是苫作工艺实现的

图5-18

笆板和海草均为软性材质，需要以墙石和木作结构为支撑。苫匠们深谙其道理，操作之前必须检查一下这些结构的稳定性和牢固性。

结构基础。海草苫层与普通瓦木屋面不同，其材质属性和处理方法要求承载结构具备牢固的性能，而且梁架和笆板的承载直接关系到苫作质量和海草屋面的寿命（图5-18）。有丰富施工经验的老苫匠可以看出土木结构的问题，并提供相应的整改方案。当然，掌握建筑结构和其他工种技术还可以为苫海草创造出安全有效的施工环境。

海草苫层以檩条作为支撑，苫匠在工作前首先检查檩条的固定状况，包括与"八字木"之间的卯榫结合、檩条自身的承受能力、檩条的加工情况等。为了确保重达上万斤的海草屋面的使用寿命，檩条与"八字木"之间必须结合牢固。早年海草房"腰杆了"檩条都是用杉木做的，后期的结构使用红松或竹竿，其坚硬程度不如杉木。梁架结构必须选用优良的木材，每一根木桄不可带皮，树皮不透气，容易引起海草屋面潮湿和霉烂。老苫匠非常重视笆板的质量，高粱秸秆排束必须平整，不能有一点缝，否则容易露海草，破坏屋面苫层。检查上述内容，都是苫作之前的重要工作，每一个细节都决定着整体屋面的质量和使用寿命。屋面海草苫好之后，需要在室内天花板位置墁泥，必须由苫匠来完成。此外，东楮岛的传统海草房使用寿命很长，可达300年至500年，其主要原因在于屋面全部使用海草苫作，没有麦秸，非常结实，精细的苫海草工艺可以维持屋面较长时间抵御狂风和暴雨的侵袭。

2.脚施的架设安装

海草房的墙体较高，屋面作业需要提前安装施工用的脚手架，荣成地区的民间苫匠称其为"脚施"（音）。这是苫作屋顶的必要工具，为苫匠高空作业提供了安全而有效的施工平台。以往建筑工具和技术落后，有经验的苫匠师傅们利用木作构架承力系统的原理，发明了简单而实用的脚手架装置。如图所示（图5-19），这是宁兰波正在修补东楮岛西南部的一间海草房，他按照传统模式搭建出简易的"脚施"。根据海草房面阔长度和墙体高度来定位，以麻绳捆扎松木原木组成结构支撑，其中运用到基本的杠杆平衡原理。他说，松木和麻绳都是自己为了工程准备的。施工之前，先检视所建房屋的高矮长宽，再等距离布置支撑点。

图5-19

苫匠宁兰波亲自制作的"脚施"，可以供四五位工人同时在上面操作，尽管结构简单、材料原始，但是结实耐用、安全可靠。

"脚施"由长6米或8米的"脚施板"和长短不一的木杕制作而成，同现代建筑制造方式一样，利用梯子和脚手架的配合组成了苫作施工的平台。苫匠师傅站在上面修屋顶，小工在地面上配合工作。脚手架的安装需要注意两个受力点的支撑：其一，长达2米以上的木杕是主要支撑点，一端顶住房檐，另一端支撑在地上，并用石头或砖头抵住；其二，短约1米左右的木杕与前者交叉，构成"X"形，以草绳或者麻绳紧紧固定住交叉点。这个结构的受力形式有些像传统民间家具——马扎，利用垂直于地面的重力，施压于交叉的“X”形结构，实现搭载重物的功能。长短两根木枨，彼此反方向用力，却连接于二者中心位置，则可承受住自上而下的垂直作用力，实现苫作平台安装的稳固性能。苫匠的操作需要支撑力，尤其是在拍打海草坯层时，斜向后力的支撑远远大于垂直的重力要求。因此，支撑于房檐与地面之间的长木枨至关重要，材料须选用优质的榆木或洋槐（原木），以达到韧性和硬度的条件。“脚施”所用材料都是住户购买齐备，请老苫匠亲手制作，没有几年实践经验的工人很难把握节点和力度。尽管材料结构十分简单，但是“脚施”特别讲究高度与长度的配合、力量与角度的精确，还要缜密计算支撑点之间形成勾股算理的法度。正在东楮岛修缮海草屋面的宁兰波解释说，依靠经验搭成的脚手架“千斤压不垮”，四组木枨结构就能撑住脚手板，5~6名苫匠可同时在上面作业。现代建筑施工普遍使用扣件式钢管结构的脚手架，其优势在于批量生产、模件预装、金属构架和成本低廉，可实现面积与高度的增加。然而，目前荣成地区苫房均不使用现代脚手架，其主要原因在于受力结构问题。建筑工人在现代金属脚手架上作业，主要是依靠直上直下的承托力量，框架式结构搭上木质或竹质脚手板，工人在上面焊接、组装和钻孔等都是使用上下方向的力量。传统海草房屋面结构是人字形坡顶，苫匠施加到屋顶斜面上的力量需要斜下方的力量支持，如宁兰波所描述的那样：“苫房使劲儿是向斜后方用力，双腿往后蹬，双手在斜面上才使得上劲儿。况且还要配合梯子的使用，梯子也是一个斜向用力支持。”若是用金属脚手架，就会因向斜后方用劲，使之脱离建筑墙体而出现危险。

如图所示（图5-20），两根木枨交叉的角度需根据墙面情况进行调节，并用麻绳固定二者，然后垫上草，把宽约50厘米的薄板子举到结构上，这道工序叫作“上板子”。脚施“X”形的交叉中心位置需要垫草或麦秸，将“脚施板”放上去，担在交叉结构的上方，造型与马扎相同。垫草的功能有三个：其一，填充由脚施板和长短木枨构成的三角形框架，垫平并稳固脚施板位置，确保工人在上面操作的安全；其二，缓冲垂直向下压力和向斜后方施力的作用，如同金属连接结构里橡胶软垫或垫圈的功效一样，垫上一些干草和麦秸，脚施

图5-20

　　画面左侧的大婶就是这间海草房的主人，她为苦匠们准备好了竹竿、木杩、麻绳和梯子。为了自家房屋的修建，也为了工人们的安全，她始终注视着安装"脚施"的过程。

板与支架之间存在缓冲和弹性的空间，可以有效地防止结构件间的相互摩擦和碰撞；其三，草的重量较轻，减少了脚手架所承载的除施工人员之外的负荷。"脚施"是一种传统的建筑辅助工具，其本身结构非常简单，用料较少，充分利用杠杆原理和平衡原理，实现承载高空作业的所有压力需要，为苦作工艺架构起安全可靠的平台。

　　当时，宁兰波架设"脚施"的现场为四开间海草房，建筑总面阔约为8米，他设定斜杩的间隔为2米左右。每个支撑点的结构由两部分斜杩组合而成：一根斜杩从地面支点开始直至房檐石下，另一根斜杩与其形成垂直角度，反向支撑房檐之下的结构。在房檐部位双斜杩形成了"X"形结构，当重力垂直作用于支点时，两根斜杩同时作用于墙面和地面，压力愈大，被抵消的承载力愈多，保证了平台作业的荷重力度。宁师傅介绍说，这种"土脚手架"的样式多种多样，根据每个师傅的经验来架构，有些是祖辈传承下来的，用料少而且经济实惠。苦作屋顶属于高空施工作业，其难度和危险性较高，匠人通过多年实践获得了许多方法来解决问题。这类简易"土脚手架"

只是利用杠杆原理，搭两根原木就能达到高空作业平台的要求，尽管其功能和形式不如现代钢管扣件式脚手架，但是使用功效和安全系数并不低于金属平台。因此，民间营造技术的智慧来源于实践的创造，匠人通过生产实践获得的经验是一种具有实效的科学总结。

3. 屋面苫层的计算方式

苫作工艺的主要目的在于实现屋面两坡层数叠加，以双手控制海草原料成型，并使之搭接在一起覆盖整个屋顶结构。按照屋面斜度要求，苫匠在施工前需要计算海草用量和搭接层数，利用房屋现有结构的形态特点布置操作人数和铺盖苫层之方向。有经验的苫匠不仅善于预先判断建设所需海草的重量和价格，还可以较为准确地计算出梁架和笆板的倾斜度，并基本掌握苫层数量和层数多少。一切准备就绪，老苫匠站在"脚施"上，安排小工们从地面往屋顶上方传递海草束，由三四位苫匠师傅分别负责屋面两边斜坡。苫作所需人数是根据用户经济情况而定的，有钱的可以多请几位师傅，七八个人一起苫。但是，有经验的老匠人往往喜欢自己独立完成整间房的工作量。尹传荣解释说，苫作工艺需要注意方向问题，人多容易打乱铺作的顺序和方向，亦不利于屋顶承重结构的保护。并非艺人独断专行，毕竟自己抟做海草束，能够掌握苫层之间的距离大小和苫层数量，以及正确衔接苫层之间的纵横结合部位。

根据调研发现，东楮岛村周边宁津所和东山镇等地的苫匠们，在工艺流程和标准方面并无差异，只是按照个人经验处理苫层存在的厚与薄的偏差。然而，苫层的多少直接关系到屋面重量和防水防风之功效。苫层海草压在

图5-21

宁兰波仔细地计算一下海草苫层数，不管是新建，还是修缮，掌握屋面苫层结构和层数是苫作工艺的关键。

227

"芭子"（土语，即笆板）上面，笆子搭在檩条和梁架组成的承载结构上，在重力的作用下形成持续压力。若是苫层多，则重量大，增加了屋面承载的压力；若苫层少，则压力小，可以减缓房屋的垂直压力。苫匠们根据海草房建筑的石作和木作结构分析海草的用量，尹传荣曾说，每次准备苫房时都要在心中计算好海草层数（图5-21），防止因海草数量不足而影响施工质量。由于每名苫匠有自己的计算方式，因此海草苫层的数量及厚薄会出现偏差。目前，东楮岛村海草房单面屋顶的苫层数在28至40层之间，这其中既有经济原因，也有匠作个人技术掌握的原因。

屋面海草层层叠加，苫作海草束的方向在这个环节里非常重要。首先，从房檐草上面一层开始苫起，尹传荣告诉我们一个不成文的技术规定："在苫层横向作业时，房屋前檐位置的海草层方向是从东山墙开始往西山墙苫作，而房屋后檐位置是从西山墙开始往东山墙苫作。"其实，苫海草的方向与瓦房铺瓦的道理一样，只是不用像铺瓦那样计算中线和瓦数[①]。第一层苫完后，第二层的起始还要按照这个规矩做，切不可图方便而改变顺序。

苫作方向在海草房屋面营造过程中是一个技术关键，决定了海草苫层的组合方式。在梁架结构的基础上，屋顶的坡面具有一定倾斜度，海草束横向挤压成型，再纵向覆盖一层，如此叠加，直至脊顶。在苫作过程中，自东往西或者由西向东进行统一苫作，

图5-22

当两坡面的海草层交汇于屋脊时，苫匠要用较厚的海草层压住，并且以砖瓦或者墁泥的手段封住高处的苫层，防止被风吹散。

---

① 有关瓦作铺设技术，可参阅刘大可编著《中国古建筑瓦石营法》，中国建筑工业出版社，1993，第180-182页。

主要考虑到屋顶苫层的结合，也是为了达到让每一层海草能够紧密压实的效果。尹传荣解释说，屋顶两个坡面各36层海草最终汇集于脊檩之上，苫作方向的相异使双方可以交汇于一点，避免重复施作。这是为屋脊三层海草压顶，以及墁泥或挂瓦"压脊"奠定好基础（图5-22）。由此可见，海草苫层技术的每一个环节都是为其他步骤服务的，各工序彼此之间的联系和衔接成为营造的关键。

4.苫作手艺的具体环节

宁兰波说："老辈儿苫房子都是一层一层开始做，从下（平檐）往上（屋脊）苫，一个工人负责一趟（苫层）；方向上大家都一样，不能有分别，前后坡都一样，最后归拢到脊杆子上。没有什么工具，就使个棍子、拍板子、墁刀，苫房子就是靠着个手劲儿。俺们都说'苫的海草抔'，把一团一团的海草用手归并和挤压在一起，这就是'一抔'。海草有细的有宽的，细的'丝海草'最壮，用到吃劲儿的地方；宽的'二叶子'可以大面积'刹抔'。'刹'这么'一抔'有50厘米宽，铺到笆板上，一层苫完了，再压层山草，或者压上一层麦秸。一层海草一层麦秸，苫结实了能扛个百十年，东楮岛的房子都有个二三百年了。"

——2012年4月15号下午在东楮岛村采访宁兰波笔录

这段话是宁师傅在修房子过程中描述的内容，简单朴实的语言清晰地阐明了苫作工艺的要领，其中还包括一些当地民间匠作的特殊称谓。据此分析，苫作工艺完全依靠手工操作，工具唯有长棍、拍板子和墁刀，匠人要注意每件工具之间的相互配合和辅助，更要注意抔做海草束所拿捏的手劲和力道。开始苫海草层时要格外注意海草与笆板的关系，将海草束展开上下两端齐平摊在笆板上，苫匠完全依靠双手进行梳理和挤压，使海草形成非常紧凑的一"抔"（图5-23）。胶东民间常把两手捧或挤压称为"抔"，用"抔"这个动词来形容海草束，或者手工梳理海草的操作过程。此外，"抔"是指横向海草束的挤压行为，而"层"是指纵向海草层的数量单位，两个词汇都是苫匠们常常使用的技术俗语。老苫匠尹传荣解释说，海草购买来后都是用绳子

图5-23

宁兰波在屋面苫海草时，先用双手梳理，再用拍板子压实。海草屋面的形态和结构完全靠苫匠手工制作出来，这门手艺就是讲究细致而娴熟的手劲。

捆成束存放的，可以用麻绳、麦草，或者直接用海草捆扎，一束海草尽量均匀，润水后易于梳理和平整；施工时，小工将一捆海草抛给脚手架上的苫匠师傅，师傅将海草捆打开，平铺于笆板之上；随后，苫匠用两手施力横向挤压海草，力道的标准是使相邻海草之间没有空隙。如此反复地横向铺设和挤压海草束，最后形成一层海草苫层。这就是苫作手艺的基本工序。

苫作手艺十分注重处理海草细节的操作，比如梳理抔层就是对海草屋面质量的保证，苫层经过梳理变得滑顺而平整，可以有效地防止屋面渗水。苫

图5-24

一层海草压着下一层，彼此之间需要人工压实和梳理，这是屋面排水和防风的重要措施。苫作工艺看似简单，实际上关系到日后建筑的使用质量。

匠双手用力将海草往中间挤压的行为，称为"挤抔"；也有的苫匠把双手挤压海草的作业称为"刹"（音）；刹一抔，挤一抔，一抔的宽度约有50厘米，厚度为4~5厘米；梳理与压实之后，苫匠用膝盖压住海草抔（图5-24），然后举起一块土坯压上，再刹第二抔。如此反复，一层海

草再往上压一层麦秸，若人多，可一人一层。关于手上的力道，只能靠个人经验，没有严格的标准。尹传荣解释说，只要双手能拢起来就行，既不能太用力，也不能太松垮，而且为了防止苫层回弹要使用土坯压住。这里所用之"土坯"，即"摆炕"用的土坯砖，其尺度比建筑用

图5-25

毕家模取出当年自己制作炕用的土坯，其尺度比普通砖大得多，硬度较弱，覆盖面积大，在苫作屋面时较为实用。

砖大很多，宽大方正但不是很厚，适宜一人操作，能够最大面积地覆盖并压实一束海草抻（图5-25）。其工序为：刹好一抻海草，上紧下松，用膝盖顶住，双手搬土坯压住海草抻的上半部分；再刹第二抻，并使其紧紧挤住第一抻，用膝盖压实两个抻层，然后搬开土坯压住第二抻；如此反复循环操作，以屋面横向为施作轨迹，先左先右可按个人习惯。至于刹一抻海草所用的力道，按苫匠自身的体力和多年苫房经验为标准，只要将每抻海草挤结实就行。尹传荣讲述道，老师傅们双手用劲，用眼观察，这一抻海草根根平顺，没有起皱起褶的现象，便是完全符合苫房的要求。然而，问题的关键不在于个体苫匠的力道，而是在于屋面上同时操作的几个苫匠。他们每人负责东西一趟的刹抻，力道必须一致，若出现轻重不一或偷懒耍滑的情况，势必影响整个屋面的平整度。因此，尹传荣和他的几个徒弟在屋面刹海草抻的时候，相互之间配合用力，尽量使出较为均匀和一致的挤压动作，确保每个人刹的海草抻的齐平，这些操作都需要常年实践的经验积累。

如何判断海草抻层是否符合苫房标准，主要体现在每一根海草是否平整排列，以及彼此之间空隙的均度。刹抻时，双手向内挤住海草，眼睛快速扫一下，审视每一根海草边缘是否齐平，是否产生较大间隙。若是有竖立起来或者重叠的海草，就会使此抻层形态高低起伏，破坏屋面整体的平整度，从

而影响雨水泻落的速度，出现屋面渗水的问题。尹传荣强调苫作过程中要压紧海草抷层，这一环节是保障海草屋面平整度的关键。海草屋面的苫作与瓦作不同，其工艺必须满足防风防雨防渗漏的功能条件。海草屋面平整可使雨水快速流走，不会因滞留而渗入屋面；根根海草按扁平面排列可减少彼此之间的缝隙，增强屋面的抗风能力。同理，在修缮海草苫层时，苫匠们经常要将屋面生长出的杂草连根拔除，否则亦会阻碍雨水流走，致使海草霉烂。本地土语常说："越抽越松，稀疏一层中。"这是苫匠们形容海草屋顶破败的原因。海草容易被风吹得松散，若是一根海草被吹跑了，就如同抽走了一般，那么整个苫层就会变得稀松，屋面中心就会出现漏洞，漏洞越吹越大，屋面就彻底散了。由此看来，刹抷的力道和屋面的平整度对于海草房屋面质量至关重要，亦是苫作工艺实现的核心技术环节。

每一抷海草大约不到半米宽，刹海草抷时，需用手挤住，确保根根海草间不能留有空隙。苫房的时候，接近笆板的一层先铺上麦秸，上面几层是层海草一层麦秸；把成束的海草运上去，展开铺好，通常从两端开始铺到中间，再用第二层压住第一层；第一层用拍板子拍结实，再压第二层。一个苫层大约有50厘米长短，第二层压住前一层30~40厘米，留10~15厘米左右在外面，这样层层相叠直至屋脊。在叠加第二层海草时，先用拍板子拍实，再用土坯压住第一层；苫好第二层后可将土坯去除，第二层海草结结实实压住第一层的四分之三，以保证海草苫层防风防雨的效果，亦起到保持室内热量不外泄的作用。海草苫层留在外面的尺度一般要小于被下一层压住的面积，具体尺度可根据海草层数和数量多少进行调节，譬如36层海草就可以留的尺度小些，而层数少就需要留的尺度大些。当两个坡顶海草抷层汇集到屋脊处时，需覆盖三层海草束进行压顶。处理山墙头上的房檐草和海草苫层时，需要用剪刀进行修理，切不可凌乱，务求整齐划一。老苫匠们根据经验认为，搭在四面山墙头房檐石上的苫层具有三个功能：其一，房屋南北山墙和东西山墙的檐边挑出，房檐草和海草苫层亦挑出建筑墙体之外至少10厘米，这种状况下它们很容易被风吹散，修剪齐整的苫层边缘减少了枝丫舒张，便于墁泥挡风；其二，房檐边的海草苫层有引导雨水滴落在建筑墙体之外的功能，修理其边缘利于防水，相当于瓦房屋檐所设瓦当和滴水结构的功能①；其三，海草或者麦秸若是长短不一，组合在一起容易出现软塌的问题，修剪齐整后墁泥，可以增加其韧性和强度，防止海草根变软而贴在墙体上。

近几年来，海草房建筑苫层常有使用麦秸混合海草苫房的情况，原因有三个方面：其一是各家各户为了节省海草而混用麦秸。随着海带养殖经济的发展，东楮岛四周海域的海带滋生破坏了海草生存环境，海草产量减少，村民只能用麦秸和海草混合使用。其二是麦秸比海草坚硬，铺在笆板之上承托海草，可以减轻海草对笆板的压力，并起到承上启下的功能作用。其三是受海草数量不足或者经济条件制约，便采用麦秸代替大约一半的海草，麦秸价格便宜而且重量相对较轻，麦秸的比重相当于海草的一半，在苫房时铺一层麦秸再铺一层海草，依次轮换。

5.屋顶压脊的处理

苫作最后一个环节是"压脊"。两个屋面斜坡汇合在脊顶，需铺上厚厚的三层海草压住两坡汇合处，用较长的长抷压住两边的苫层，然后准备下一个步骤——压脊。所谓压脊，就是指用草泥、瓦等压住屋脊上的三层海草。传统海草房用草泥压脊，草泥就是将麦秸拌入黄泥搅拌的泥浆，将其墁在屋脊海草层之上，起到压住海草而防风雨的作用。亦可以用海草制作压脊的墁泥，将剁碎的海草搅拌黄泥，可以增加泥浆的黏固性和韧性（图5-26）。苫到屋顶之后，就将海草平铺

图5-26

新苫作完的海草房屋脊需要用黄泥压封山尖或脊线，主要目的是防止顶层海草层被风吹散。黄泥墁作海草层制作方便，成本低廉，是传统工艺的做法。

① 瓦当又称"瓦头"，属于我国古代建筑屋面陶制筒瓦顶端下垂的构件，功能在于抵挡顺瓦而下的雨水进入筒瓦内部；"滴水"是瓦背向下的滴水瓦的瓦头，呈倒三角形，与瓦当配合使用，引导雨水流出屋面。

图5-27
随着材料的更新，压脊出现了不同的做法，既有用瓦片扣屋脊的形式，也有用水泥封顶的方式。

开，用瓦压住，以防止其被风刮跑。尹传荣回忆说，早年东楮岛海草房的营建过程中，皆使用黄泥墁住屋脊的三层海草，但是由于风吹雨淋的影响，压脊苫层每隔2年就得再墁一次泥，以加固压脊。如今，为了使屋脊海草苫层更加坚固，有些人家用铺瓦代替墁泥，甚至使用水泥来加固海草（图5-27）。

综上所述，海草房建筑的形态特点在于高耸浑圆的海草屋顶，而其工艺特征在于苫作环节的技术实现，二者都是为建筑的使用功能服务。住惯了海草房的人总说室内冬暖夏凉，其原因就在于那厚厚的海草苫层。整座海草房的海草苫层最多可达40层，屋脊厚度可达1米，加之墁泥处理和笆板的作用，使得雨水、寒风无法渗透到室内，而强烈的阳光也无法晒透海草层。此外，老苫匠尹传荣还解释了海草苫背比铺瓦优越的一个原因。瓦作屋面通常由瓦作、草质或木质苫背和檩椽结构组成，不同材料之间很难弥补缝隙，常年暴露在风雨之中，难免削弱其抵御风寒和潮湿的作用。海草屋面则不同，尽管一层海草较薄，但是经过苫作技术处理后，多达三十几层的海草叠加在一起，任何细微的缝隙都充满了海草，再经过墁泥处理，有效防止了外部侵害。况且整个屋面的材质唯有海草和麦秸，相同属性的材质更加利于铺设形式的坚固耐久。这便是人们在海草房内居住会有冬暖夏凉体验的根本原因。

北方村落民居的各种营造措施都是为了御寒，东楮岛也不例外，尽管海洋性气候使当地比内陆温差小，但是冬季海风仍然凛冽刺骨。厚重的海草苫层与坚固的海石墙体增强了冬季建筑室内保暖的功效。夏日强烈的日光无法穿透苫层和墙体，亦起到了避暑纳凉的作用。毕家模老人举了一个例子说明海草房的保暖措施。早年东楮岛生活条件差，村民多种红薯充饥，家家都在室内设有"地瓜搁子"。这个物件一般处在东次间的顶棚上，在八字木梁架之间搭上竹竿子，以高粱秸秆做成笆板担在上面，然后墁泥并糊纸，就像如今的室内天花板吊顶一般。住户可以将地瓜干搁置在上面，能够达到很好的保温干燥效果。

四、海草苫层的修葺手段

营建海草房需要海岩和海草，但是随着东楮岛生态环境的变迁，现今已经很难觅得这些原生态建筑材料了，这是影响海草房工艺传承的主要因素。东楮岛村中心位置保存有较为久远的海草房建筑群，然而多数业已荒废，其苫作屋顶多处出现凹陷和破损，石墙亦出现坍塌和裂缝等问题。随着建筑工业化的迅猛发展，从摆地基到屋面苫作的海草房手工工艺已经消失，东楮岛村及其周边地区仅可见现存房屋的修葺过程。海草房的维修也被视作营造工艺的重要环节，村民记得矗立于村内北街、中街和南街两旁百年以上历史的海草房，都是经过多年修缮才保存下来。然而，海草房的修缮周期跨度很长，石作结构就可以百年之内不用维修，而海草苫层往往60～80年修补一次。村里老人们常说"一辈修一屋"，便证明了海草房维修周期的特点。所谓维修海草房，其实就是修补屋顶的海草苫作。

1. 屋面海草苫层小范围内的查缺补漏

海草房屋面苫层维修仅是在较小范围内的换补，不可能出现大面积更换和翻修的状况，这是由于海草房的内在结构以及各种外在因素所致。譬如，海草房砌石与梁架十分坚固，极少出现屋面整体坍塌和凹陷，只是年久的海草苫层会有部分腐烂现象，形成较小范围的塌陷和漏穴。通过审视屋面损害程度，参考新购海草的数量，苫匠根据经验进行简单的修补和更换。首先，将两根扁担似的长棍交叉插进上下苫层的间隙，插入的深度以触及笆板为准（图5-28）。其次，利用一根长棍挑起上下苫层，与架设的两根木桩形成交叉之势；随后将两根或三根木桩组合成杠杆形制，用力将出现塌陷的海草苫层掀起（图5-29）；再将发霉或烂根的海草进行撤换，选择较好的新鲜海草填补空缺。最后，苫匠用膝盖压实上下海草苫层，小心地撤出木质支撑结构（图5-30），用拍板子将苫层拍实、理顺和压平（图5-31）。修补过的海草房比较容易辨认，那些新充填的海草苫层色泽较深。此外，有些海草房的苫

图5-28

苫匠修缮海草屋面时，需要用三根插板棍子的组合，先找到苫层边缘，插入一根木桄，再用另外一根交叉掀起苫层，然后以短木桄支撑二者即可。

图5-29

第二根插板棍子需要用力塞入。"插板棍子"为扁担形，一端磨成剑刃状。尽管工具的形态可以减少海草层的阻力，但是实际操作起来非常吃力。宁兰波几乎是用尽双手、双肩和上身的力气，还要保持腿脚的平衡。

图5-30

待三根木桩结构稳定后，将小工抛上来的新鲜海草铺入凹陷层内。这个环节必须精细入微，既要修整好苫层，又要提防触碰到木桩结构而使之解体。

图5-31

苫层修整好，将木桩结构小心拆除，利用拍板子上下压实海草，必须保持新修部分与原有苫层的平整度一致。

层是海草与麦秸混合制品，一层海草压一层麦秸，海草层始终压在麦秸层之上，如此反复一直苫到屋脊。若是海草层出现凹陷和变质，也会严重影响到麦秸层的质量，苫匠们会要求住户多准备些麦秸和高粱秸秆等，以便于维修笆板和麦秸层。然而，随着现在海草、麦秸和高粱秸秆的匮乏，人们不得不选择其他替代品来修缮。譬如，东楮岛村的海草房常使用胶合板和油毡代替高粱秸秆笆板，也有人用现代砖瓦代替房檐石和房檐草。由于海草资源稀缺，目前海草房维修使用的海草只能是购买被拆除的房屋旧料，这种"拆了东墙补西墙"的做法维持不了多久。

2.伙山屋面苫作的修补

若是"伙山"建筑样式，需要将屋面苫作视为一个整体进行操作，防止山墙间出现缝隙。以东楮岛村为代表的荣成地区海草房建筑并列布置院落格局，同在一个朝向的"倒房子"和北屋正房的东西山墙分别紧紧连接在一起。此类海草房建筑格局有"接山"和"伙山"两种形式，"伙山"墙体之间没有空隙，"接山"的空隙很小，基本上是两家共用一个山墙。这种墙体结构为苫屋顶带来了一些问题。比如说，两家相邻的"伙山"墙体房檐石属于谁家，如何分配海草使用的量，谁家多些谁家少些等等。不过，前文已经述及，"伙山"或"接山"都是两家关系很好，甚至是同一个家族分家所致，村民很少因为共用海草苫顶而产生矛盾。老苫匠们也深谙其中原委，苫海草时将两家屋顶覆盖成整体的一片；若是两家相接的墙体出现高度差，一般不会超过3厘米，可以通过增

图5-32
"伙山"样式的海草房在苫作工艺处理上有特殊之处，苫匠们必须注意山墙尖与边缘之间的高度差，尽可能通过海草苫层减少差距，使多家屋顶形成统一平整的整体海草面。

高笆板或加厚苫层的方法处理整片屋面的效果（图5-32）。

老苫匠尹传荣介绍了自己苫房的经验，认为苫作"伙山"建筑屋面必须注意防止墙体间的漏水情况。当山墙之间出现缝隙或有高度差时，屋面海草和房檐草会产生错层，层间缝隙会使雨水顺着边沿渗入墙体，破坏石作嵌缝的墁泥层。因此，有经验的苫匠会让其中一家住户多购买一部分海草，专门用作伙山或接山处的屋面苫作处理。操作时，用较高的山墙边沿海草层压住较低的海草层边沿，两家墙体相交的部分可以层层相叠。海草苫层越厚，防御风雨的效果便越好，亦可适当处理高度差和间距差的问题。当然，这种情况下所需海草的数量应由后来建房者承担。因先建房者的山墙被后建房者使用，后建房者省下了一座山墙的工钱和料钱，也不会计较多出点海草钱，如此两家都没意见。

在东楮岛村居住了80年的毕家模认为，按照老一辈对住宅营造的要求，"伙山"是处理邻里间关系的一种方式。同住一个村又彼此共用一座山墙，难免会出现生活起居上的矛盾。譬如"高墙水往矮墙滴，惹人烦嘛"，山墙相接的房屋面若出现高度差，雨水肯定往屋面低的人家流。因此，苫房的匠人考虑到了这些细节，尽量将"伙山"房屋的海草屋面苫得一般平，这样居住者的关系便可好处。另一方面，"伙山"苫作亦是为了抵御海岛强烈风雨天气而采取的措施。多座海草房并排连接在一起，加大了屋面整体的抗力，而且雨水不会流到东侧或者西侧的山墙上，更加防潮，延长了房屋的使用寿命。东楮岛村的海草房修葺，大约一辈人修一次，其主要原因就在于"伙山"形式和苫作的工艺环节。

3.苫层的保护措施

海草房的屋面还有一些保护措施，比如许多海草房在屋顶上铺设大面积的渔网。据村民们介绍，在屋顶两坡面铺渔网有两个原因，其一是防鸟类做窝，其二是防风。海草屋顶防雨防风，但是挡不住麻雀一类禽鸟的破坏，村内建筑经常出现麻雀在海草屋面做窝的现象（图5-33）。人们都说鸟类喜欢在厚厚的海草层上钻，将海草根根盘起，形成一个通底的巢穴。这样一来，屋面苫层便失去了防雨保温的功能，直接威胁到笆板和木作构架的使用。于是，世代打鱼为生的村民们想到了用渔网覆盖屋面的方法。老人们回忆说，

图5-33

东楮岛村民经常把打鱼用的网铺设在屋面上，并用砖头瓦块拴住网边，这是一种传统的保护海草屋面的措施。有人认为，渔网可以防止强风吹散海草；也有人说，渔网可以防止麻雀在海草里做窝。这是滨海的渔民为起居方便特别制作的屋面形态。

早年打鱼用的网都是用棉线织成的，经纬细密，间距较小，像一层薄纱笼罩在海草房浑圆的屋面上，远远看去更加有趣。现如今，渔网都是用尼龙绳织成的，网格间距较大，覆盖在屋顶上，不如老渔网防范性强。苫匠们对于如何修缮屋顶的鸟窝也比较苦恼。鸟类对海草苫层的破坏是难以修复的，往往需要花费较多的人力和物力来平整。

五、苫作手艺的工具

"工欲善其事，必先利其器。"苫匠高空作业，施工要求比较严格，各类工具使用起来必须顺手。按照施工技术的特点，挑起苫层的工具是"插板棍子"的组合结构，而理顺和压实海草层需要用"拍板子"。所谓"拍板子"就是类似于瓦匠使用的灰板，尹传荣所使用的便是在灰板基础上改造而成的。据一些老苫匠回忆，早年称拍板子为"翻天印"，称"插板棍子"为"斩龙剑"。现如今没有人能确切地讲出这些名称的具体含义，仅能由只言片语加以了解。

尹传荣还依稀记得师傅褚秀喜介绍过两种工具的由来。褚师傅在传授苫作技术的同时常常告诫徒弟们，好手艺一方面源于熟能生巧的技术经验，另一方面就是依靠"顺手"的工具。苫匠操作和修缮海草苫层与其他建筑工种有所不同，海草是生态材料，质地柔软且数量庞大，在进行翻动和挤压动作时需注意保护其表层不受尖锐工具的损坏。以松木、楸木或铁力木等实木材质制作的拍板子和插板棍子结构，其表面经过打磨修理而光滑不涩，在翻动或拍打海草层时可以减少对海草质地的破坏。所谓"顺手"的工具，主要是指多年苫房使用的"拍板子"和"插板棍子"（图5-34），这两种工具反复与海草摩擦而形

图5-34

　　插板棍子和拍板子是苫匠使用的主要工具，二者均为木质，不但适用于海草苫层的维修或铺设，而且便于携带和制作。

成顺滑表面，能够减少插入和掀起海草苫层的阻力，使用者可省时省力。

通过测绘和剖析两种工具的结构细节，可以发现某些具有功能特点的设计元素。比如，用作挑起海草层的"插板棍子"结构（图5-35），长度一般不超过150厘米，直径为5厘米左右，整体形态呈现一端扁长，另一端近圆柱形。尹传荣解释说，木棍不能太长，如果太长，一是不便于携带，二是海草苫层一般都很薄，挑入其中的木棍扁头必须较浅，否则会误入笆板层，破坏墁泥表面。144厘米长的木棍非常适宜双手掌握，便于用力均匀，而一端扁平的设计目的在于减少受力面积，使其迅速进入上下两层海草之间（图5-36）。尹传荣这件类似扁担的木棍已经用了30年，其表面摩擦得相当光滑，由于重复用力抬高其一端，木棍在跨度上已经微微隆起且有些变形。他在制作这件工具

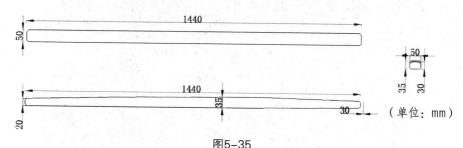

（单位：mm）

图5-35
苫作用的"插板棍子"，老苫匠们称之为"斩龙剑"。

图5-36
先把一根"插板棍子"插进苫层间缝，另一根从上面续进去，再将二者交叉往上挑起，可将苫层掀开。这是修缮海草苫层最简单的方式。

时注意一个细节，必须将"扁担头"设计成扁平的椭圆状，不能出现尖锐的棱角，原因在于苫房时要保护海草苫层不受损坏。在施工作业时，需要准备三四根这样的木棍，利用不同的组合方式挑起并固定住苫层（图5-37），帮助苫匠快速填充海草并进

行拯和挤的动作。

拍板子的使用主要是实现拍打和压实海草的目的。拍板子约30厘米长，20厘米宽，厚度为3～5厘米，通常用实木质厚板制作（图5-38）。拍板子上面设计了一个提梁或者把手，便于单手抓举完成拍打动作（图5-39）；拍板子四周边缘必须打磨光滑，没有尖锐的棱角，边角的加固尽量少用

图5-37
利用一根短木杕支撑起苫层边缘，为填充和更换海草创造出有利的空间。

金属配件；拍板子的制作关键在于其底面的凹槽。有经验的苫匠会自己动手制作凹槽，控制好其大小和深度，他们明白这些凹槽对于海草苫层质量的重要性。尹传荣详细介绍了凹槽的功效：首先，海草层是由一根根不到3毫米宽的海草组成的，若想将其理顺和整平，必须依靠有锯齿的工具，而拍板子底面

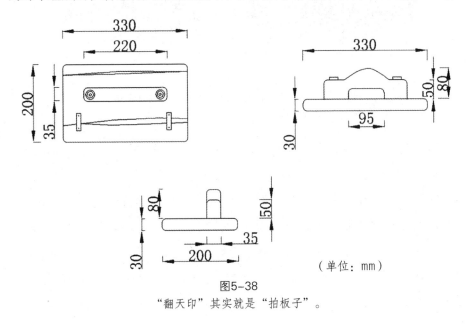

（单位：mm）

图5-38
"翻天印"其实就是"拍板子"。

凹槽在一定程度上扮演了锯齿的角色；其次，压实海草苫层的动作必须轻盈，否则会碾碎海草本身，拍板子底部凹槽起到了缓冲挤压海草空间的作用，使其具有一定的弹性，避免直接受力接触坚硬的木板；最后，这些较浅的沟槽可以辅助苫作施力，使用时先垂直施力于苫层，再平直向下压。此外，同瓦匠的灰板相比较，苫匠的拍板子更厚实，目的也是增加压实海草层的力量。如图5-38所示的拍板子是尹传荣用了30年的工具，在他的眼里，这曾经是养活一家人生计的主要物件，对于苫作技艺来讲也是至关重要的。

图5-39
拍板子的构造非常适宜操作，提梁的光滑表面，以及平整的板面，都为苫匠单手拍打苫层海草提供了施力面。

至于为什么有"斩龙剑"和"翻天印"的称谓，尹传荣认为都是源于对工具重要性的强调。"翻天印"是指拍板子，屋顶覆盖就是"以天为庐"，传统民间匠作认为一座建筑的屋顶具有"天"的地位和象征。海草苫层是海草房屋面结构的主要组成部分，而实现苫层制作和修缮要依靠拍板子来完成，用民间匠人的语言来形容，"就好像翻天覆地一样"。民间传统文化里的"天"有至尊和统摄的符号意义，如"老天爷"是民间传统文化语境中的最高统领者。民间建筑营造重视屋顶部件的安装和制作，将"上梁"和"举架"视为工程的统摄序位，这是一种具有象征手法的隐喻。同理，长棍用来修缮象征"天"的屋面海草层，它穿插架构于上下抷层之间，实现对"天"的修正和完善，民间匠作语义符号便使用"龙"来象征其重要性。龙在民间传统文化里具有威严、尊贵和首要的符号意义，"斩龙剑"的说法便是为了迎合其文化内涵。其实，"斩龙剑"和"翻天印"在苫匠传承语境里更像是一种诙谐的通识，为了表现二者在苫作技术上的重要性，尹传荣指出这类称谓并没有任何实际的意义和功能。

六、苫匠的手艺传承

海草房营造过程中有专门从事苫海草技艺的"苫匠"，荣成地区方言称之为"苫子"。苫海草是项极为辛苦危险的工作，每天经受风吹日晒，高空作业，繁重而单一（图5-40）。然而，苫匠技术的施作有其特殊性，"掌尺的"董久春认为，海草房营建队伍里的苫子不能太多，有一位即可。尹传荣也认为，每个苫匠需要根据自己的经验计算苫海草的高度和厚薄，且各自掌握一个尺度标准，苫层质量的标准无法统一，这对瓦子和木子配合施工不利。因此，苫子施工比较自由，甚至可以脱离其他工种单独作业。

图5-40

　　苫匠们的劳动既辛苦又危险，风吹日晒，走屋上梁。尹传荣做了50多年苫匠，尝尽了这门手艺中的酸甜苦辣。

1. 苫匠的生活状况和收入情况

目前，在东楮岛及其周边地区仅存不到10位苫匠，他们常年在东山镇、宁津所和滕南镇等地区从事苫海草工作。其中，最年轻的有58岁，年长的有76岁，施工队伍里几乎没有年轻人跟着学手艺。其实，苫匠也是务农出身。据76岁的尹传荣回忆，他25岁那年跟随师傅褚秀喜（音）学习苫作技术，大家都是农民，只有在农闲的时候结伙外出苫房子。50多年前的生活水平不高，能够在农闲期找一门手艺创收，实属不易。谈到如今苫匠的境遇，尹传荣认为苫作技艺的传承出现了问题，其原因主要有四个方面。一是工作辛苦且环境条件差，室外高空作业危险性大，没有人喜欢干这个。二是海草和海岩材料的消失，海草房建造缺乏原材料，也就用不着苫匠了。三是海草房的建造成本和周期都远远大于现代建筑，配套设施也不及楼房先进。因此，居民们纷纷放弃传统的海草房，而选择技术条件优越的现代水泥浇筑楼房或砖瓦房。四是经济的原因。尹传荣年轻的时候，20世纪70年代，苫匠工作一天可获得的工钱大约为一元两角，上交给生产队一元钱，自己留两角。苫一套房子大约需要一万斤海草，根据各家的经济和储存情况而定，一个苫匠苫一套房子大约需要25天，收入还算不错。苫匠是东家自己请来的，在开始建房的时候就约定好了时间和工钱，而海草也是事先准备好的，待笆子拉好之后再请苫匠过来。工程至此完成了一个阶段，"掌尺的"与东家算好人工或材料费，安排好瓦工、木工和小工的收尾工作，回去发工资即可。在苫房顶这段时间里，主要是苫匠负责进度和质量，成为独立的营造系统。有趣的是，苫匠们也有自己的"工头"。

2. 苫房工期对于苫匠的影响

苫房主要是做屋顶和屋面，与气候变化有着密切的关系，苫匠们认为在阴雨天或霜冻的日子里苫房，将严重损害海草层的质量。根据老辈经验，苫房的工期有特殊要求，即"苫房有周期，一年苫两季"。苫匠在一年之中从事苫房工作大约有200天。一般来说，有两个时间段适合苫房：一是集中在农历二月二到夏至雨季来临之前这段时间；二是农历八月十五以后，至冬季三九天之前。尹传荣说，每年农历八月十五之后是苫房的最佳日子，时间紧、任务重，天气一旦变冷就要停止施工。气候对苫作技术的影响很大，海草屋顶经过雨淋或霜冻之后容易霉烂。尹传荣告诉我们关于苫作的一句谚语："苫房不能冬三九、夏三伏。"这是很有道理的。进入霜冻季节，海草层表面会出现冰霜，强行苫作屋面会形成冰冻，当气候变暖时会引起海草霉变；夏至到大暑期间，暴雨增多，气候炎热，海草层表面也会形成潮气和积水，经强烈的日光暴晒极易出现烂根和脆碎的现象。这些因气候变化而产生的问题必须引起苫匠们的重视。不过，在无法苫房的时间里，他们可以靠捞海草挣钱。

尹传荣说，20世纪60年代，只要农闲就去东楮岛海边捞海草，挣工分。那时的海草数量庞大，生长繁茂，不受季节气候影响，随时都有新鲜的海草涌向岸边。然而，当时生产队集体管理经济生产，个人不可以随便捞海草。东楮岛村曾经有四个生产队，每个队可以组织六七个人去捞海草。东楮岛上百年的老房子都是在那个时间修缮过，而且仅以海草为原料，不掺入麦秸。

3. 苫匠技艺传承的特点

现今居住在宁津所街道所东王家村的尹传荣已经76岁高龄，做了50多年的苫匠活计，平时也务农（图5-41）。他回忆起当年拜褚秀喜（音）为师的场景：一个很偶然的机会，褚师傅带着人在村里苫房，尹传荣经村里人介绍认识了老师，便开始了拜师学艺的生涯。早年学手艺有很多规矩，讲究师承辈分和门第关系，不过褚师傅在所东王家做的活太多，人手不够，就勉强收下了年轻的尹传荣。尹传荣说：

图5-41
尹传荣老人已经76岁高龄，腿脚的关节炎经常困扰着他，苫房子的活计是再也干不了，但工具在手，依然有当年的老把式劲儿。

"当年拜师时，我带着刚打的鱼去，可惜老师不爱喝酒，我就给他磕了三个头。"褚师傅有很多学徒，手艺也是远近闻名，自己的儿子也是苦匠。也许褚师傅想在本村多找些活计，收本村人为徒有利于工程，就不再讲究什么规矩了。那个时代苦匠工作一年能挣300多块钱，也属于高收入群体，不是谁都可以学这门手艺的。通过对东山镇和宁津所地区苦匠的访谈可以获知，20世纪五六十年代之前，苦匠技艺的传承途径基本依靠中介和工程本身。当时许多年轻人为了在农闲时节帮家里减轻经济负担而选择外出务工，毕竟有一门手艺在身，心里比较踏实。不过，尽管是师徒制的苦匠队伍，但仍然归生产队集体管理。

苦匠们根据自身经验和技艺传承的特点，苦作海草时会出现苦厚抷和苦薄抷的区别。海草苦作同砖瓦铺作不同，有时候很难用标准来衡量，因此苦匠很少使用尺度，一切依靠自己的经验掌握苦作力度。有趣的是，尹传荣对宁兰波的苦作手艺颇有看法，宁兰波苦房不需要用"土坯"，直接用拍板子压实苦层，再刹下一抷。尹传荣认为，像宁兰波这样的苦匠处理屋面结构已经不是传统的技法，如此会影响苦层的厚度和严密度。由此看出，本地区民间苦作技艺主要通过个人传承，师傅将自己的手艺传给徒弟，各个师傅间存在的竞争关系也阻碍了行业交流。

第三节　苦作屋面的结构特点

根据上文内容，海草房屋面系统的工艺操作依靠苦匠多年的经验积累，实践过程中的诸多问题都是在没有机械化辅助的情况下完成的。以下按照苦作工艺的特征列举出相关图示及说明。

一、海草房屋面形态与功能的图示分析

东楮岛村海草房的屋面形态，两个山尖高，顺着脊线出现优美的弧线，

这类形态在其他地域的海草房建筑结构中很少见到。如图所示（图5-42），东楮岛村海草房屋面形态呈现两端高耸、中间向下方凹陷的曲线形态，其原因有三个方面：第一，建筑材料和墙体结构的特点使之形成曲线。海草房墙面以海岩石料砌筑而成，质地坚硬，体量高大挺拔；在其山墙上端部位的等边三角形采用木石材料相结合的构架方式，使东山墙尖和西山墙尖成为坐北朝南的主体建筑的至高点。从材料力学的角度分析，海草是软性材质，山墙是硬性石质材料，苫作屋面直接铺在石作结构上，中间跨度会造成海草屋面下垂，使得建筑两端呈现出尖耸的点。屋面中间位置以木作结构为承载，脊檩和檩条安装的位置明显低于山尖，而且木质结构经年历久会出现变形，这便使得屋脊部位出现横向的下垂曲线。按照苫匠们的说法，山尖苫层（海草和笆板）在石作结构上面不会垂下来。然而，屋面屋脊中间位置在木作结构承载下，会出现软化和下垂现象，形成凹形的曲线。第二，海草房本身结构在实现防风防雨功能的过程中形成下垂的曲线形态。海草苫作屋面的功能具有一些特殊性，首先是防止大风吹散屋面材料。山尖位于建筑最高点，受风力和风向的影响较大，必须采用多层压垫，甚至配合墁泥技术的施作来巩固苫层。因此，这个至高点上的海草苫层比中间厚。其次是防雨水渗流到山墙的功能，山尖处一般草厚层多，以横向苫出抔层后再苫三层纵向的草层，使得山尖处的海草距离房檐石较远，雨水不会滴落于墙体上。有经验的苫匠认为，山墙越高，水流得越快，可以防止雨水滞留而浸透屋面。第三，采用不同于屋面苫作的工艺手法，增加了山尖的高度。"山头"（土语，即山墙顶头位置）处是"一层海草墁一层泥"，用墁泥压住下层的海草，防止海草被风刮跑了。但是，除屋脊外的其他海草层不需要墁泥，均以一层海草一层麦秸的形式进行苫作。东楮岛村的海草房从平檐到屋脊的垂直高度达到2米，海草苫层也能达到40层之多，便是苫作操作技术特殊的缘故。根据苫匠多年的施工经验，只要将两山墙尖的苫层固定住，中心位置的苫层可以此为依靠用力压实，对于减少海草束根部的间距有很大的帮助。尹传荣也指出："山墙头就要苫得高，都往上翘，也显得屋脊好看。"

东楮岛村海草房山尖高耸，脊线自然下垂，形成优美的弧形。山尖处的苫层较厚，一般为覆盖脊檩苫层再加厚三层。此外，苫匠为保障山尖处苫层的防风效果，需要苫一层海草，墁一层黄泥，因而使得房屋两个山尖更加突兀。弧线的曲度受重力影响，海草层叠加在一起，经风雨冲刷而自然形成。

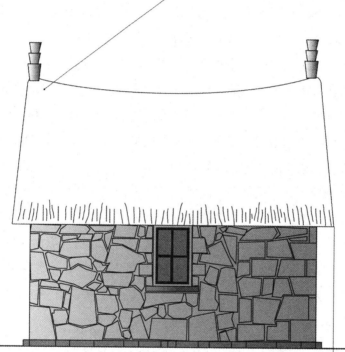

　　从整个屋面形态分析，苫作叠层的侧边自然下垂，山尖处略有收分，这是房檐石与房檐草结构使然。房檐石以山墙周缘为基础，出檐约5厘米，上承载麦秸或茅草制作的房檐草。因二者之基础作用，处于房檐边缘的海草被支撑起来，挑出10厘米左右。海草为软质材料，处于边缘的苫层形成垂直于地面且似帘状的构造。

图5-42
海草房屋面形态图示（1:100）。

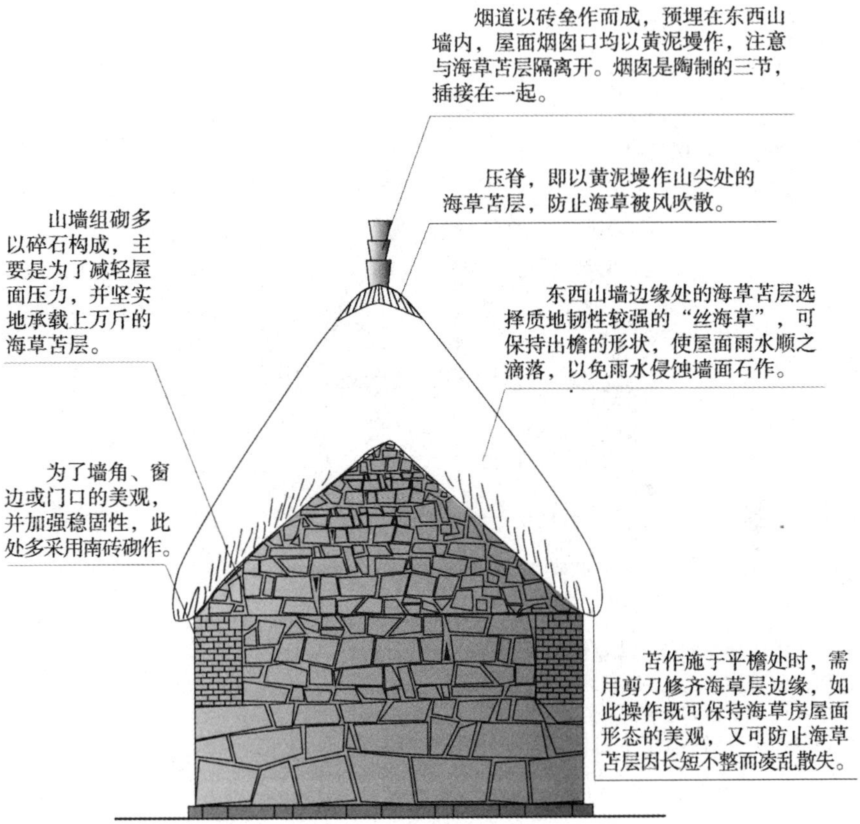

烟道以砖垒作而成，预埋在东西山墙内，屋面烟囱口均以黄泥墁作，注意与海草苫层隔离开。烟囱是陶制的三节，插接在一起。

压脊，即以黄泥墁作山尖处的海草苫层，防止海草被风吹散。

山墙组砌多以碎石构成，主要是为了减轻屋面压力，并坚实地承载上万斤的海草苫层。

东西山墙边缘处的海草苫层选择质地韧性较强的"丝海草"，可保持出檐的形状，使屋面雨水顺之滴落，以免雨水侵蚀墙面石作。

为了墙角、窗边或门口的美观，并加强稳固性，此处多采用南砖砌作。

苫作施于平檐处时，需用剪刀修齐海草层边缘，如此操作既可保持海草房屋面形态的美观，又可防止海草苫层因长短不整而凌乱散失。

图5-43
海草房山墙立面形态图示（1:100）。

251

二、苫作结构图示解析

作为直接承受屋面形态重力的部件，三角形梁架的高木枨被形象地比喻为"好汉子"，即顶天立地的意思。其功能便是承受整个屋面结构垂直向下的重力。

圆木状的檩条因处于三角形梁架腰部，被民间匠作形象地称作"腰杆子"。檩条多为7根或9根，包括顶端的脊檩，便于笆板以黄泥直接黏固于其上。

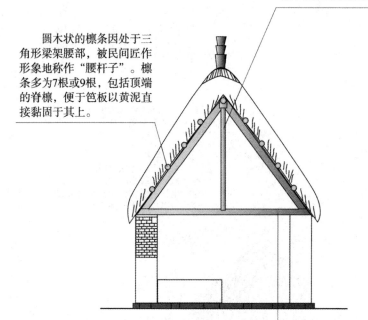

木作梁架是海草苫层结构的主要承载部件，东楮岛村多采用海运而来的杉木、松木等制作。尽管海草苫层与笆板的总重量达上万斤，但是三角形梁架构造完全可以承载，而且保持多年不被压变形。

图5-44
海草房海草苫层剖立面图示（1:100）。

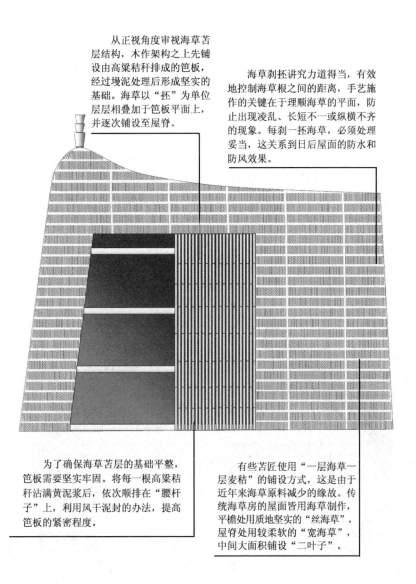

从正视角度审视海草苫层结构，木作架构之上先铺设由高粱秸秆排成的笆板，经过墐泥处理后形成坚实的基础。海草以"抔"为单位层层相叠加于笆板平面上，并逐次铺设至屋脊。

海草刹抔讲究力道得当，有效地控制海草根之间的距离，手艺施作的关键在于理顺海草的平面，防止出现凌乱、长短不一或纵横不齐的现象。每刹一抔海草，必须处理妥当，这关系到日后屋面的防水和防风效果。

为了确保海草苫层的基础平整，笆板需要坚实牢固。将每一根高粱秸秆沾满黄泥浆后，依次顺排在"腰杆子"上，利用风干泥封的办法，提高笆板的紧密程度。

有些苫匠使用"一层海草一层麦秸"的铺设方式，这是由于近年来海草原料减少的缘故。传统海草房的屋面皆用海草制作，平檐处用质地坚实的"丝海草"，屋脊处用较柔软的"宽海草"，中间大面积铺设"二叶子"。

图5-45
海草房海草苫层结构详图。

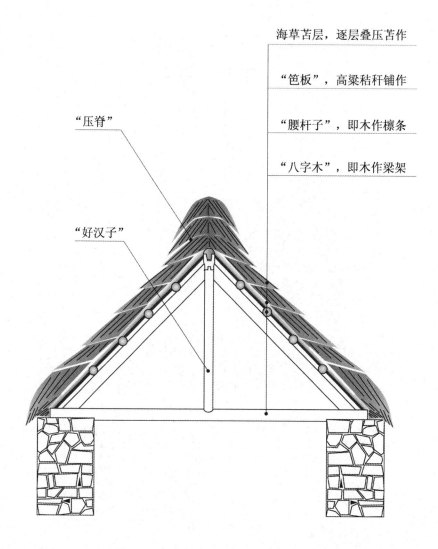

"海草苫层，逐层叠压苫作

"笆板"，高粱秸秆铺作

"腰杆子"，即木作檩条

"八字木"，即木作梁架

"压脊"

"好汉子"

图5-46
海草房海草苫作示意图。

第四节　海草苫房的手艺价值

晚唐诗人司空图在品评古代诗词的艺术形式时，以《二十四诗品》概括出诗的美学风格问题，他指出"典雅"是一种意境深远的修辞符号。"玉壶买春，赏雨茆屋；坐中佳士，左右修竹"成为古典艺术美学的风格象征，体现了中国历代文艺作品典雅风格的审美追求。"赏雨茆屋"表征出文人雅趣，但现实情形却很难让人理解，茅草覆盖的屋舍暴露于大雨之中还有什么情趣可言？其实，"茆屋"的内涵是中国传统文化的象征，无论从文艺学角度，还是从营造学角度，其风格特征都带有古朴与本真的审美意象。传统民居营造的原始形态均为茅草苫盖的"茸屋"，而"瓦屋"因其造价和技术很难在古代民间普及，于是覆草茨屋成为民居的社会地位象征。然而，中国文人所追求的"赏雨茆屋"的艺术意境，逐渐与遮风避雨的功能形态相融合，成为民居宜用理念的再现。这是以东楮岛为代表的海草房能够保存至今的内在原因。

《考工记》里说，"天有时，地有气，材有美，工有巧，合此四者，然后可以为良"①。中国传统民间建筑营造自始至终遵循着这一法则，按照自然的规律、地域的特点，形成就地取材、巧工饬理的工艺美学特征。从"穴居野处"到"易之宫室"，从"上栋下宇"到"以别男女"，建筑的功能与形态总是围绕着"宜用"这个核心思想而发展。海草房民居建筑是我国东部沿海渔村起居文化的物质显现，营造者在了解自然和改造自然的认识过程中，逐渐学会利用自然，充分发挥海洋文化的特色，创造出海草苫房的工艺美学。通过本章描述的苫房工艺的各个环节，可以看出其技术美学的特征。

---

① 孙诒让撰《周礼正义》，王文锦、陈玉霞点校，中华书局，1987，第3115页。

第一，营建海草房和处理海草苫背，需要适应海洋性季节气候变化，一年两季的苫作工期主要是为了保证海草苫层的质量，并达成海草房屋面功能美的目的。以东楮岛为代表的海草房传统民居营造技术特别重视气候和季节的影响，而且根据所需海草原料的生长周期来安排建房修舍的时间。海草属大叶藻类海洋植物，形态细长呈带状，春夏两季生长繁茂。东楮岛居民习惯在春秋两季收获浅海岸边的海草，这个时段里阳光充足，空气相对干燥，适合海草加工的初期处理。苫匠们考虑到海草在某些季节会对屋面的保温性和防水性产生影响，譬如寒天霜冻和暑季雨水等，将苫房时间安排在春秋季，这样有利于保持海草苫层的质量。由此可见，顺应自然的规律成为海草房建筑融入生态美学理念的核心思想。苫作工艺技术的实践以遵循客观规律为准则，协调人类起居行为与自然发展的关系，形成"宜用自然"的传统民居营造工艺美学思想。同时，顺应自然的传统营造理念对于现代民居建筑设计具有重要的意义。

第二，东楮岛的特殊岛屿地貌给居者带来物资匮乏、拓展空间有限等问题。海草房因地制宜，顺应环境特征，充分利用"便宜"的海岩和海草作为营建原料，既保证了建材供应又利于海岛生态发展，体现了"原生态"建筑美学的特征。在当代建筑设计文化领域里，"原生态"概念是指建筑行为不受外界干扰而自觉发展所形成的设计思想和审美创造。"原生态"传统民居将地域、气候、水土、经济、社会、审美等元素浓缩于深沉的历史风俗之中，形成独特的"起居文化生态系统"，并以"本真"或"本初"的审美意识作为传承的基础。东楮岛村是以海洋为中心的生存空间，"靠海吃海"原则是各种民间营造行为的"本元意识"。譬如，以本地海草为原料实现的苫房工艺，包括"拉笆子"、捞海草、沥水晒干、扎束成拃、苫层处理、墁泥压脊等技术细节，皆为本地域独有的营造行为，体现了"原生态"的价值。

第三，"海草成束，茨茅苫葺"，简便宜用的苫作工艺实现了海草房形态美的构造，而且任何拃做和梳理都具备传统手艺的技术美学内涵。苫匠的手艺如同雕塑般完善着屋面形态，以传统工艺标准处理层层相叠的海草拃层，每一个苫层结构和造型的形成皆有赖于双手的力度和匠人的经验。所谓工艺的标准，其实是苫匠们常年与海草打交道，掌握了海草的属性，并将建筑的功能和环境因素综合考虑而产生的。若使海草房屋面抗风雨御寒暑，必须满足以下几个条件：首先，海草平整地铺设在屋面上，不能出现间隙和挑高，根根并排才可以形成顺滑的平面，有利于雨水的排泄；其次，抷做海草苫层要用力恰当，使海草束均匀自然地垂直于屋檐水平线，塑造出浑圆的屋面形态效果；最后，做好与其他工艺和材质的衔接，木作结构是海草层的脊梁，石作结构是其压力分解的基础，苫作的每一步都需要硬质材料和其他工艺的支持。以上三点既是海草房苫作技术的核心要点，也是其能够保存上百年的主要原因。

第四，苫作技术通过"巧者述之"，因循传统的技艺经验，始终是我国民间非物质文化遗产的宝贵财富。苫房工艺的特征主要在于对海草的梳理和抷压，苫匠在苫作过程中完全凭借娴熟的手工操作来实现庞大的屋面构筑。值得深思的是，海草层之间没有任何辅助材料和加固材料，主要依靠苫作海草层表面的纹理和间隙，促使各海草层之间彼此形成非常坚固的层叠结构。那些具有百年历史的海草房屋面，海草苫作使用时间较长，能够抵挡住海风和暴雨的侵袭，其主要原因在于海草屋面的苫作技巧和结构方式。老苫匠们总结出祖辈苫房的经验，认为每一步苫作对海草束施加的抷压力道，将细长的海草紧紧簇拥在一起，随着苫层面积的扩大和层数的增多，最终构筑起稳固耐用的屋面三角形态，成为"风吹不散""雨淋不透"的有力保障。由此看来，海草房苫作技术的每一个环节都蕴含科学道理，即使是手工操作，亦可通过技艺的完善而达成实用的目的，对于现代建筑营造技术而言具有相当重要的研究价值。

综上所述，本章所论述的苫作工艺不同于其他地域民间建筑营造工艺，这是胶东沿海地区海洋文化的典型象征，苫海草和拉笆子已经成为胶东地区海草房建筑的文化符号，而苫匠技艺传承亦是我国民间工艺文化的缩影。随着现代工业社会的发展，新兴国际主义风格的建筑群强烈冲击着我国本土的原生态民居建筑体系，而生态环境与社会意识的变迁也在加速传统工艺的消亡。因此，对于海草房和苫作技术的价值研究迫在眉睫。苫作是我国建筑营造史上的重要部类，其工艺文化历史悠久，而且凸显出中华民族的本土化特征，具有丰富的文化内涵和厚重的历史价值。面对海草生态环境的破坏和海草房的消失，苫作技艺已经无法继续传承下去，如何记录、抢救、保护这门濒临灭绝的工艺成为我们的责任。

通过山东省荣成市宁津街道东楮岛村的海草房建筑调研，揭示了我国传统民间村落文化的传承结构和传承载体，其工艺文化更以审美符号的形式构筑起历史与文明的阶梯，揭示了人与自然之间的关系。东楮岛村近年来同其他沿海村落一样快速发展，大量的海景房和高速公路接踵而至，以及海带及各种海产品的过度养殖，影响了村落整个生态环境的平衡。海岩消失了，海草消亡了，仅存的苫匠们也都步入耄耋之年，海草房这一原生态的民居样式终究会湮没在现代建筑的大潮中。目前，摆在我们面前的问题是如何处理好发展与传承的关系。东楮岛具有鲜活的原生态的民间传统非物质文化遗产，古村落、古街区和百年历史的海草房保持着本真形态和历史境遇，"苫海草、拉笆子"的渔村营造方式浓缩了胶东沿海地域民间建筑的思想精华和审美特质。苫作技术是一门古老的营造技艺，就地取材选用海草进行苫作又是沿海地区古村落及其文化的特殊表现形式，这不仅具有历史文化价值和审美价值，更重要的是，由这门技术美学的传承脉络可以获得具有民族精神的工艺文化价值。保护和挽救濒临灭绝的传统工艺，目的不是恢复其原始的状态，而是从中寻找其生态的、绿色的、适宜的技术原理，为我们现代建筑营造技术和规划设计提供借鉴意义。

结　语 ≫

　　我国民间传统建筑的营造工艺较少载入历史文献，但是在广大民间口耳相传，与民间信仰、民间禁忌、民间习俗等非物质文化相融合，成为中华民族传统文化精髓的重要组成部分。民居建筑营造以其特有的空间功能划分、布置经营观念、选材用料原则、工艺传承经验等内容，显现出农耕文化和乡土社会的审美思想。山东传统民居营造有着悠久的历史渊源，从《考工记》到《齐民要术》，齐鲁文化重视对建筑科学技术进行理论总结，传统营造工艺逐步形成规章制度而延续至今。山东民居融合大江南北的历史风格，其空间形制、建造技艺、尺度比例、结构装饰等营造细节皆以义理为规范，饱含深厚的礼制文化底蕴。

　　东楮岛村海草房是山东沿海地区传统民居建筑的典型样式，它既是我国传统营造工艺的技术成果，亦是本土海洋文化的物质显现。本书通过实际调研、建筑测绘、工艺分析和民艺采访等研究方式，深入探赜传统海草房民居的营造法则，并提出下述五个观点：

　　第一，东楮岛村海草房建筑是胶东渔村历史文化的典型载体，具有深厚海洋文化属性的海草苫背、海岩石料垒作、海运木料等营造行为，同赶海打鱼、祭祀海神娘娘等地域民间风俗文化相融合，反映了滨海而居的生活观念。

第二，海草房民居建筑营造工艺的核心是苫作，这项由原始"茅茨采椽"技术演变而来的手艺，凸显出本地匠作的工艺思想和设计理念。围绕苫作手艺而形成的小式大木作制度、小木作制度、石作制度、砖作制度等，皆为实现海草房的结构与功能而服务。传统的苫作海草屋面不仅具有特殊手艺价值，而且反映了沿海居民"就地取材""因地制宜"的营造观念，为现代建筑设计所追求的原生态理念提供了参照。

第三，传统海草房建筑空间体现出宜用的功能原则，在居室空间界定和村落空间规划方面具有较高的研究价值。海草房建筑空间的宜用法则建立在北方合院式建筑体系基础之上，具备适应北方地理位置和空间方向的功能，亦体现出浓郁的伦理性和礼制性。

第四，海草房特殊材质的结构设计呈现出高大浑圆的造型特点，这是民间造物艺术观的本元显现。海草房营造工艺简易实用，诸如石作、木作、苫作的目的是利用本地自然材质满足起居行为的需求。因此，海草房整体形态在视知觉中形成的审美体验，符合"形式服从于功能"的现代设计美学观。

第五，东楮岛村百年以上的海草房屈指可数，这些蕴含传统文化价值的民居建筑在城镇化建设过程中濒临消亡，展开科学有效的保护工作已经迫在眉睫。保护和挽救传统海草房，需要综合本土生态环境和历史人文境遇，以人为本，合理地安排规划、发展和抢救措施。

研究我国传统民居的营造法则，其目的在于揭示民间建筑在功能、结构、形态和工艺方面的文化内涵，探索营造技术的工艺思想，借鉴优秀的传统人文观念。本书从个案入手，将村落文化、建筑符号、居室礼制、民俗生活等内容视作完整的生态系统，通过分析各要素之间的关系，揭示具有现实意义的营造理念。当下，我国城镇化建设正在迅速发展，需要针对传统和现代的矛盾统一进行解析和探索，保护和研究传统村落民居建筑的历史文化遗产将成为今后工作的重心。山东省荣成市宁津街道东楮岛村保留了较为完整的传统海草房建筑并形成了布局整齐的规划效果，为研究山东沿海地区民间文化和建筑风格提供了宝贵的资料。目前，当地政府加强了传统村落和海草房建筑的保护工作，但是仅仅留存或修缮建筑本身是无法使之长久的，保护海草房必须与保护渔村生态文化、自然海洋景观、非物质文化遗产等内容相统一，形成生态可持续发展的保护体系。

主要参考文献 ≫

［1］李诫. 营造法式［M］. 北京：中国书店，2006.

［2］宋应星. 天工开物［M］. 长沙：岳麓书社，2002.

［3］陈植. 园冶注释［M］. 北京：中国建筑工业出版社，1988.

［4］戴震. 考工记图［M］. 北京：商务印书馆，1935.

［5］王世襄. 清代匠作则例［M］. 郑州：河南教育出版社，2009.

［6］梁思成. 清式营造则例［M］. 北京：中国建筑工业出版社，1981.

［7］段玉裁. 说文解字注［M］. 杭州：浙江古籍出版社，2006.

［8］阮元. 十三经注疏［M］. 上海：上海古籍出版社，1997.

［9］黄以周. 礼书通故［M］. 北京：中华书局，2007.

［10］梁思成. 营造法式注释［M］. 北京：中国建筑

工业出版社，1983.

　　［11］刘大可.中国古建筑瓦石营法［M］.北京：中国建筑工业出版社，2003.

　　［12］马炳坚.中国古建筑木作营造技术［M］.北京：科学出版社，2003.

　　［13］张驭寰.古建筑勘察与探究［M］.南京：江苏古籍出版社，1988.

　　［14］文化部文物保护科研所.中国古建筑修缮技术［M］.北京：中国建筑工业出版社，1983.

　　［15］亢亮，亢羽.风水与建筑［M］.天津：百花文艺出版社，1999.

　　［16］陈雨阳.民间起居［M］.南昌：江西美术出版社，2006.

　　［17］约翰·罗斯金.建筑的七盏明灯［M］.谷意，译.济南：山东画报出版社，2012.

　　［18］罗杰·斯克鲁顿.建筑美学［M］.刘先觉，译.北京：中国建筑工业出版社，2003.

　　［19］张道一.张道一文集［M］.合肥：安徽教育出版社，1999.

　　［20］潘鲁生.民艺学论纲［M］.北京：北京工艺美术出版社，1998.

　　［21］潘鲁生，韩青.离开锅灶端起碗：在民艺的门槛上聊天［M］.济南：山东画报出版社，2003.

　　［22］吕思勉.中国制度史［M］.上海：上海教育出版社，2002.

　　［23］张一兵.明堂制度研究［M］.北京：中华书局，2005.

　　［24］刘远华.荣成市志［M］.济南：齐鲁书社，1990.

　　［25］黄永健，薛坤.试析明堂礼制建筑中的家具与空间［J］.家具与室内装饰，2010（11）.

　　［26］褚兴彪，熊兴耀，杜鹏.海草房特色民居保护规划模式探讨：以山东威海褚岛村为例［J］.建筑学报，2012（6）.

　　［27］陈纲，牟健.胶东海草房民居保护传承策略探析［J］.城市建筑，2014（5）.

［28］马润花，曹艳英，霍建.胶东传统海草房民居旅游的开发［J］.鲁东大学学报（哲学社会科学版），2009（6）.

［29］周晓艳，程磊.原生态建筑的现代化设计探寻：以胶东海草房为例［J］.生态经济，2013（6）.

后 记 ≫

　　这本书的内容主要是基于笔者的博士学位论文《东楮岛村海草房营造工艺研究》，而研究方法和写作思路都是在导师潘鲁生教授的悉心指导下确定的。回想读博的五年间，导师以其广博的专业知识、严谨的治学态度、精益求精的研究风范对我影响至深。在论文创作的整个阶段，从选题伊始到卷帙付梓，数易其稿，每一阶段考意观指，倾注了导师大量的心血。在此我要向导师潘鲁生教授表示由衷的谢意！

　　本书的完成也离不开山东大学艺术学院各位老师、同学的关心与帮助。在此也要感谢李晓峰教授、高迎刚教授、张义宾教授等在论文开题、初稿审阅期间所提出的宝贵意见。还要感谢同门的师兄师妹们在科研过程中给予我的鼓励和帮助。

　　感谢山东工艺美术学院的各位老师，在课题研究过程中对我的帮助。特别感谢唐家路教授、董占军教授和赵屹教授对我的每一次田野调研过程的悉心指导，以及对论文提出的宝贵意见。还要感谢《中国名村》丛书编撰课题组的每一位老师和同学，感谢他们在测绘、采访、文献整理

265

和资料收集方面提供的帮助。

感谢山东省荣成市宁津街道办事处和东楮岛村委会为课题研究工作提供了各方面的支持和帮助。感谢宁津街道的刘江先生，东楮岛村的毕家模、王咸忠先生，苫匠艺人尹传荣、宁兰波和瓦匠艺人董久春等先生，以及为课题调研提供方便的东楮岛村民们。

最后，感谢我的家人。为了让我专心于论文创作，父母和妻子不仅承担起繁重的家务，而且成为我坚强的后盾，鼓励和支持我不断前进。

黄永健

2021年8月23日